普通高等教育工业设计专业"十三五"规划教材

Office Space Design

公共设施设计

（第二版）

薛文凯　陈江波　编　著

中国水利水电出版社
www.waterpub.com.cn
·北京·

内 容 提 要

本书站在工业设计的角度来研究公共设施设计，力图将公共设施设计教学与设计实践完美结合。书中全面介绍了公共设施设计理论和设计方法，避免填鸭式教学，图文并茂，系统完整，既有专业深度又易于理解。所举案例具有创意性、前瞻性、概念性、系统性和可实践性的特点。全书共分9章，包括公共设施设计概述、公共设施设计的分类、公共设施的产品化设计、公共设施的材料与工艺、公共设施的色彩运用、公共设施与人的行为、无障碍设施设计、新观念公共设施的创新设计、课题训练与设计案例分析。

本书适用于工业设计专业、产品设计专业和环境艺术设计等相关专业师生作为专业教材，也可供其他相关设计人员作为参考。

图书在版编目（CIP）数据

公共设施设计 / 薛文凯，陈江波编著. -- 2版. -- 北京：中国水利水电出版社，2016.7(2023.8重印)
 普通高等教育工业设计专业"十三五"规划教材
 ISBN 978-7-5170-4588-5

Ⅰ. ①公… Ⅱ. ①薛… ②陈… Ⅲ. ①城市公用设施－工业设计－高等学校－教材 Ⅳ. ①TU984②TB472

中国版本图书馆CIP数据核字(2016)第186319号

书　　名	普通高等教育工业设计专业"十三五"规划教材 **公共设施设计（第二版）** GONGGONG SHESHI SHEJI
作　　者	薛文凯　陈江波　编著
出版发行	中国水利水电出版社 （北京市海淀区玉渊潭南路1号D座　100038） 网址：www.waterpub.com.cn E-mail：sales@waterpub.com.cn 电话：(010) 68367658（营销中心）
经　　售	北京科水图书销售有限公司 电话：(010) 63202643、68545874 全国各地新华书店和相关出版物销售网点
排　　版	中国水利水电出版社微机排版中心
印　　刷	天津久佳雅创印刷有限公司
规　　格	210mm×285mm　16开本　13印张　348千字
版　　次	2012年4月第1版　2012年4月第1次印刷 2016年7月第2版　2023年8月第6次印刷
印　　数	15001—17000册
定　　价	**49.00元**

凡购买我社图书，如有缺页、倒页、脱页的，本社营销中心负责调换

版权所有·侵权必究

序
Foreword

　　工业设计的专业特征体现在其学科的综合性、多元性及系统复杂性上，设计创新需符合多维度的要求，如用户需求、技术规则、经济条件、文化诉求、管理模式及战略方向等，许许多多的因素影响着设计创新的成败，较之艺术设计领域的其他学科，工业设计专业对设计人才的思维方式、知识结构、掌握的研究与分析方法、运用专业工具的能力，都有更高的要求，特别是现代工业设计的发展，在不断向更深层次延伸，越来越呈现出与其他更多学科交叉、融合的趋势。通用设计、可持续设计、服务设计、情感化设计等设计的前沿领域，均表现出学科大融合的特征，这种设计发展趋势要求我们对传统的工业设计教育做出改变。同传统设计教育的重技巧、经验传授，重感性直觉与灵感产生的培养训练有所不同，现代工业设计教育更加重视知识产生的背景、创新过程、思维方式、运用方法，以及培养学生的创造能力和研究能力，因为工业设计人才的能力是发现问题的能力、分析问题的能力和解决问题的能力综合构成的，具体地讲就是选择吸收信息的能力、主体性研究问题的能力、逻辑性演绎新概念的能力、组织与人际关系的协调能力。学生们这些能力的获得，源于系统科学的课程体系和渐进式学程设计。十分高兴的是，即将由中国水利水电出版社出版的"普通高等教育工业设计专业'十三五'规划教材"，有针对性地为工业设计课程教学的教师和学生增加了学科前沿的理论、观念及研究方法等方面的知识，为通过专业课程教学提高学生的综合素质提供了基础素材。

　　这套教材从工业设计学科的理论建构、知识体系、专业方法与技能的整体角度，建构了系统、完整的专业课程框架，此种框架既可以被应用于设计院校的工业设计学科整体课程构建与组织，也可以应用于工业设计课程的专项知识与技能的传授与培训，使学习工业设计的学生能够通过系统性的课程学习，以基于探究式的项目训练为主导、社会化学习的认知过程，学习和理解工业设计学科的理论观念，掌握设计创新活动的程序方法，构建支持创新的知识体系并在项目实践中完善设计技能，"活化"知识。同时，这套教材也为国内众多的设计院校提供了专业课程教学的整体框架、具体的课程教学内容以及学生学习的途径与方法。

　　这套教材的主要成因，缘起于国家及社会对高质量创新型设计人才的需求，以及目前我国新设工业设计专业院校现实的需要。在过去的二十余年里，我国新增数百所设立工业设计专业的高等院校，在校学习工业设计的学生人数众多，亟须系统、规范的教材为专业教学提供支撑，因为设计创新是高度复杂的活动，需要设计者集创造力、分析力、经验、技巧和跨学科的知识于一起，才能走上成功的路径。这样的人才培养目标，需要我们的设计院校在教育理念和哲学思考上做出改变，以学习者为核心，所有的教学活动围绕学生个体的成长，在专业教学中，以增进学生们的创造力为目标，以工业设计学科的基本结构为教学基础内容，以促进学生再发现为学习的途径，以深层化学习为方法、以跨学科探究为手段、以个性化的互动为教学方式，使我们的学生在高校的学习中获得工业设计理论观念、专业精神、知识技能以及国际化视野。这套教材是实现这个教育目标的基石，好的教材结合教师合理的学程设计能够极大地提高学生们的学习效率。

改革开放以来，中国的发展速度令世界瞩目，取得了前人无以比拟的成就，但我们应当清醒地认识到，这是以量为基础的发展，我们的产品在国际市场上还显得竞争力不足，企业的设计与研发能力薄弱，产品的设计水平同国际先进水平仍有差距。今后我国要实现以高新技术产业为先导的新型产业结构，在质量上同发达国家竞争，企业只有通过设计的战略功能和创新的技术突破，创造出更多、自主品牌价值，才能使中国品牌走向世界并赢得国际市场，中国企业也才能成为具有世界性影响的企业。而要实现这一目标，关键是人才的培养，需要我们的高等教育能够为社会提供高质量的创新设计人才。

从经济社会发展的角度来看，全球经济一体化的进程，对世界各主要经济体的社会、政治、经济产生了持续变革的压力，全球化的市场为企业发展提供了广阔的拓展空间，同时也使商业环境中的竞争更趋于激烈。新的技术及新的产品形式不断产生，每个企业都要进行持续的创新，以适应未来趋势的剧烈变化，在竞争的商业环境中确立自己的位置。在这样变革的压力下，每个企业都将设计创新作为应对竞争压力的手段，相应地对工业设计人员的综合能力有了更高的要求，包括创新能力、系统思考能力、知识整合能力、表达能力、团队协作能力及使用专业工具与方法的能力。这样的设计人才规格诉求，是我们的工业设计教育必须努力的方向。

从宏观上讲，工业设计人才培养的重要性，涉及的不仅是高校的专业教学质量提升，也不仅是设计产业的发展和企业的效益与生存，它更代表了中国未来发展的全民利益，工业设计的发展与时俱进，设计的理念和价值已经渗入人类社会生活的方方面面。在生产领域，设计创新赋予企业以科学和充满活力的产品研发与管理机制；在商业流通领域，设计创新提供经济持续发展的动力和契机；在物质生活领域，设计创新引导民众健康的消费理念和生活方式；在精神生活领域，设计创新传播时代先进文化与科技知识并激发民众的创造力。今后，设计创新活动将变得更加重要和普及，工业设计教育者以及从事设计活动的组织在今天和将来都承担着文化和社会责任。

中国目前每年从各类院校中走出数量庞大的工业设计专业毕业生，这反映了国家在社会、经济以及文化领域等方面发展建设的现实需要，大量的学习过设计创新的年轻人在各行各业中发挥着他们的才干，这是一个很好的起点。中国要由制造型国家发展成为创新型国家，还需要大量的、更高质量的、充满创造热情的创新设计人才，人才培养的主体在大学，中国的高等院校要为未来的社会发展提供人才输出和储备，一切目标的实现皆始于教育。期望这套教材能够为在校学习工业设计的学生及工业设计教育者提供参考素材，也期望设计教育与课程学习的实践者，能够在教学应用中对它做出发展和创新。教材仅是应用工具，是专业课程教学的组成部分之一，好的教学效果更多的还是来自于教师正确的教学理念、合理的教学策略及同学习者的良性互动方式上。

2011 年 5 月

于清华大学美术学院

第二版前言
Second Preface

　　2012年4月《公共设施设计》作为普通高等教育工业设计专业"十二五"规划教材由中国水利水电出版社首次出版发行。时至2013年8月已重印多次，得到了广大师生的好评和认可。

　　四年来，我国公共设施设计教育水平得到了长足的发展。我们对公共设施设计的认识也在不断地提高，应广大读者的要求，重新出版的教材是2012版的全面升级版，同时我们也关注了教材内容的传承性，延续了其应有的精华和明晰直观的风格，笔者进一步将实时考察拍摄的国外发达城市公共设施优秀设计实例、教学案例与最新获奖作品相结合，整体推出一并展示给大家，使读者对公共设施既有总体的了解，又有深入的认识。本书详细介绍了公共设施设计理论、设计方法，图文并茂，力图系统完整，既有一定的专业深度和设计内涵，又能深入浅出，使读者易于理解。教材对2012版的文字部分进行了个别的增改，对原书图片进行了80%以上的更新，使教材更具时代气息、更具信息量、更具借鉴性和可视性。在第8章新观念公共设施的创新设计中优选了最新的诸如Red Dot Design Award、iF Industrie Forum Design等国际设计大赛优秀作品作案例，所选作品关注了设计的原创性、全方位性、系统性，主要目的在于启迪读者的设计思路，开拓设计视野。在第9章课题训练与设计案例分析中选用了鲁迅美术学院工业设计学院本科生、研究生、专业教师的优秀教学作业和设计实践作品，所选案例兼顾了作品题材的广度和设计的深度，可以说代表了我国当下公共设施设计的最高水平。本书的每个章节后面都有复习思考题，便于读者的消化和深入的理解。

　　本教材是笔者近二十年来的教学研究和设计实践的成果，也可以说是我国公共设施设计教材的权威之作。希望本教材的出版能够给广大的读者带来一缕夏日的清风，对公共设施设计得以更进一步的认识。

2016年1月
于鲁迅美术学院

第一版前言
First Preface

随着本教材的脱稿成书，心里真是有种释然的愉悦。本教材是笔者对十几年来公共设施的设计实践、教学成果的展示和总结。本书尽可能地摆脱说教式的传统模式，全面系统又有所侧重。

我国的公共设施开发与设计还刚刚开始，同发达国家相比，无论是开发的广度还是深度、设计的形式和制造工艺水平还相差甚远，设计教学更是起步较晚，尤其是教学和设计实践脱节，跟不上设施建设发展的需求，相关的理论研究滞后，出版一本合适的公共设施设计的教材更显得尤为必要和迫切。

本书共分 9 章，全面介绍了公共设施的相关设计理论、设计方法，图文并茂，力图做到系统性、完整性，并有一定专业深度和设计内涵，使读者能深入浅出，易于理解。笔者站在工业设计的角度来研究公共设施设计这一课题，力求将设计与教学很好地结合。书中图片及设计案例主要选用笔者在国内外实地拍摄的作品及鲁迅美术学院工业设计系本科生、研究生和专业教师的教学和设计实践作品。所选案例具有概念性、前瞻性、系统性和可实践性的特点。公共设施的标准化、模块化设计是设施设计应该关注的一大特点，也是设施形态创新设计的重要方法，在本书第 3 章公共设施的产品化设计中进行了深入的探讨；人的行为和无障碍设施设计，是常被设计人员忽略的问题，也是非常重要的问题，相对抽象，也不易理解，本书第 6 章公共设施与人的行为中关照到了这一点；在本书第 8 章公共设施的创新设计中，精选了当下国外新观念、新能源设施设计作品，作品富有创意，给人启迪，以此开拓读者的视野；在第 9 章课题训练与设计案例分析中，所选案例由浅入深并关照到了课题的训练诸方面，范围较广。本书在每一章后面留有复习与思考题，都是需要读者消化理解的重点部分。本书的编写倾作者之所能，希望以此抛砖引玉，为我国的工业设计教学添砖加瓦，奉上微薄之力。

编者
2011 年 9 月

作者简介

薛文凯 鲁迅美术学院工业设计实验教学中心主任、工业设计学院副院长、教授、硕士研究生导师、中国美术家协会会员,现从事工业设计教学研究与设计实践工作。众多设计作品、论文、专著、教学成果、科研项目等获得发表、出版、奖励。

获奖设计作品:《概念音响设计》获得首届辽宁省艺术设计作品展金奖,《公共设施系列设计》得获"北京奥林匹克公园环境设施概念设计方案"多项提名奖、《模块空间—野外工作站设计》在第十一届全国美术作品展览中获奖提名、《滤径——环保道路隔离设施设计》在第十二届全国美术作品展览中荣获中国美术奖·创作奖 铜奖、《WATER FACTORY》荣获红点设计大奖、《Dynamic traffic cone》荣获意大利A'设计大奖赛铜奖、《A-circle》荣获意大利A'设计大奖赛大奖。

出版专著:《名品点评—漫步产品设计的艺术通道》《工业造型·快速设计》《室内外环境色彩运用》大型教材《工业设计教程》一至三卷(副主编)、《公共设施设计》《中国设计·公共空间设计》《现代公共环境设施设计》等。

发表论文:《面对电脑绘图的思考——谈手绘产品设计表现技法教学》《产品开发设计的新领域》《观念设计的文化传承与超越》《公共环境设施色彩设计及应用》《北京奥林匹克公园环境设施设计研究》《城市的家具·公共设施的创新设计》《公共空间吸烟区产品化设计研究》《公共户外围挡设施的创新设计研究》《居民区机动车停放设施设计研究》《设计的实现——环保道路隔离设施设计》《滤径——源自生活的设计》《基于可再生能源的公共设施的创新设计》等。

E-mail:KW798@163.com

陈江波 鲁迅美术学院工业设计学院讲师,主要从事产品设计、计算机辅助设计、公共设施设计、工业机械设备外观设计等专业教学与设计研发实践工作。有多件设计作品、论文、科研项目等获得奖励和发表。

获奖设计作品及学术成果:《城市新概念公共卫生间》荣获全国第十届美展铜奖、《公共数码广场》入选第十届全国美展、设计作品在"中国北京奥林匹克公园环境设施概念设计方案"中获单项方案鼓励奖、《便携式多媒体播放器》获第九届全国设计师大赛"张江杯"全国工业设计/视觉设计大赛最佳奖、《电动旅游观光车设计》获得中国教育协会美术教育专业委员会主办的全国教师美术书法摄影作品竞赛专业组二等奖,并获国家外观设计、《城市交通公共信息系统设计》获中国建筑艺术"青年设计师奖"——环境导视设计专业组金奖、《概念环境设施设计——灾害应急临时住所BOX》获中国建筑艺术"青年设计师奖"——环境导视设计专业组铜奖、第三届中国环境艺术"青年设计师"作品展中获公共艺术创作奖专业组铜奖、沈阳工业设计大赛中获得专业组金奖和学生组的指导教师奖、第八届全国美育成果展中获得艺术美育个人教学成果三等奖和优秀指导教师奖、《IBOX壁挂式音响》《城市流浪者临时居所设计》分别获全国美育成果展教师组二等奖。

E-mail:635801793@QQ.com

目 录

序
第二版前言
第一版前言
作者简介

第1章 概述 ………………………………………………………………………… 001
    1.1 公共设施设计的概念 ……………………………………………………… 001
    1.2 公共设施的演化与发展 …………………………………………………… 001
    1.3 公共设施设计存在的问题 ………………………………………………… 008
    复习思考题 ……………………………………………………………………… 009

第2章 公共设施设计的分类 …………………………………………………… 010
    2.1 单体设施设计 ……………………………………………………………… 010
    2.2 系统规划设计 ……………………………………………………………… 019
    2.3 公共设施的分类设计详述 ………………………………………………… 029
    复习思考题 ……………………………………………………………………… 048

第3章 公共设施的产品化设计 ………………………………………………… 049
    3.1 公共设施的标准化设计 …………………………………………………… 049
    3.2 公共设施的模块化设计 …………………………………………………… 054
    复习思考题 ……………………………………………………………………… 062

第4章 公共设施的材料与工艺 ………………………………………………… 063
    4.1 公共设施的材料运用 ……………………………………………………… 063
    4.2 公共设施的常用材料及工艺详述 ………………………………………… 064
    复习思考题 ……………………………………………………………………… 075

第5章 公共设施的色彩运用 …………………………………………………… 076
    5.1 环境要素 …………………………………………………………………… 076
    5.2 企业的经营理念与产品的经营战略 ……………………………………… 079
    5.3 公共设施的使用功能与心理定位 ………………………………………… 080
    5.4 色彩设计的辨识性 ………………………………………………………… 081
    5.5 系统设计的统一性 ………………………………………………………… 082
    5.6 色彩的细节处理 …………………………………………………………… 083

  5.7 色彩与材料 ··· 085
 复习思考题 ··· 086

第6章 公共设施与人的行为 ··· 087

  6.1 环境场所与人的行为 ··· 087
  6.2 空间尺度与人的行为 ··· 089
  6.3 公共设施与人的行为的互动 ·· 091
  6.4 公共设施的通用性与人的生理行为 ·· 092
  6.5 公共设施的操作性对人的行为的影响 ···································· 093
  6.6 公共设施的易识别性与人的心理行为 ···································· 094
  6.7 公共设施的交互设计与人的情感行为 ···································· 095
  6.8 公共设施与人的行为关系的评判标准 ···································· 101
 复习思考题 ··· 102

第7章 无障碍设施设计 ··· 103

  7.1 无障碍设施的基本概念 ··· 103
  7.2 无障碍设施的发展 ··· 104
  7.3 无障碍设施的细节设计、常用尺度及符号标识 ························ 105
 复习思考题 ··· 116

第8章 新观念公共设施的创新设计 ··· 117

  8.1 新观念公共设施设计 ··· 117
  8.2 基于生态能源的公共设施创新设计 ······································· 117
  8.3 新观念公共设施设计分析 ·· 124
 复习思考题 ··· 158

第9章 课题训练与设计案例分析 ··· 159

  9.1 课题训练 ·· 159
  9.2 设计案例分析 ·· 160
 复习思考题 ··· 195

附录 ··· 196

参考文献 ··· 197

第1章 Chapter 1

概 述

1.1 公共设施设计的概念

公共设施设计是伴随着城市的发展而产生的融工业产品设计与环境设计于一体的新型的环境产品设计。公共设施是工业设计的有机组成部分，犹如城市的家具，公共设施是城市的不可缺少的构成元素，是城市的细部设计。公共设施的主要目的是完善城市的使用功能，满足公共环境中人们的生活需求，提高人们的生活质量与工作效率。公共设施是人们在公共环境中的一种交流媒介，它不但具有满足人们需求的实用功能，同时还具有完善城市功能、美化公共环境的作用，是城市文明的载体，对于提升城市文化品位，具有重要的意义。

1.2 公共设施的演化与发展

纵观城市发展的历史可以看到，公共设施的产生是同人类进化与文明发展息息相关且不可分割的。古代的公共设施是附属于建筑的一部分，制作上也多是传统建筑的制作手法，如北京故宫太和殿前，起定时器功能的日晷（见图1-2-1），划分空间、控制空间作用的石牌坊；天安门前最初起"谤木"作用，具有听取各方意见的作用，后来成为权力象征的华表（见图1-2-2），以及石狮、铜龟、嘉量、香炉等；国外有神庙、纪功柱（见图1-2-3）、方尖碑、凯旋门（见图1-2-4）、喷泉等设施。古代的公共设施大多受当时的意识形态和制作技术手段的限制，带有浓厚的

图1-2-1

蒙昧性和神秘感，彰显对王权及神权的崇拜。

图1-2-2

图1-2-3

图1-2-4

随着社会的进步，城市的发展，公共设施的概念不断得到深化和演进，现代公共设施涉及的生活化、人性化诉求越来越全面，科学技术的进步，工业制造手段的完善，这些对于公共设施的发展无疑起到了推波助澜的作用。在当今，离开公共设施的城市将失去现代化文明的印记，快节奏的都市生活也将变得停滞乃至退步。今天的公共设施与传统意义的城市小品设施有着根本性质不同，以实用功能为主的工业化批量生产的设施产品替代了以精神象征功能为主的手工生产的环境设施（见图1-2-5）。

在发达国家，公共设施与城市建设是同步发展并配套成体系的，相关的法规政策制定的也比较完善健全。在公共设施的管理体制方面不仅在宏观上照顾到商品属性这一特点，微观上则更侧重转移到企业附加经济中去，使公共设施进入到市场参与竞争。这样，不仅大大缓解了管理机构融资困难的局面，也充分获得实际效益的双赢，推进了设施的规模化分布与批量化生产，实现了地域性的普及与设置。可以说国际化公共设施模式已经形成了良性循环机制，实现了行业规范与标准监督，引入更多高端技术与资金来实现公共设施设置的服务最大化、公平化。同时积极做好组织、协调、建设、使用、维护、服务等工作，尊重资源的合理利用及体制创新等举措。

图1-2-5

信息交流的加快，城市效率的提高，地域性的缺失和环境生态的破坏等问题的出现，使作为人—产品—社会交流媒介的公共设施的发展重新定位，确立其自身的发展方向。因此在科技为主导的未来设计中，首要的问题就是公共设施设计和城市规划及经济建设的有机结合，侧重从生态、经济和文化的可持续发展，对设施针对的受用人群进行分类细化综合分析，并在新材料、新能源、新科技的应用方面得到全方位的提升。公共设施的发展趋势可以归纳为多元化与专业化、智能化设计、人性化设计、产品化设计以及艺术化与景观化设计。

1.2.1 多元化与专业化

不同阶层、不同年龄的人在不同的场合对公共设施有着不同的需求。科技的发展为公共设施由单一走向多样提供了生产制造的条件，同时新产品的发明也带动了与之配套的公共设施的开发。例如：自行车的发明向我们提出如何解决规范车辆存放并美化环境的课题，电动汽车的出现就需要与之配套的汽车充电站设施，电脑技术的出现又产生了智能化的自助系统、提款机、卖报机、自助照相机等。可以看出公共设施设计已从传统意义的喷泉、饮水机、休息座椅等单一的几种产品向多品种、更加专业化方向发展，如自助系统的分类已从单一的饮料贩售机向自助售票机、自助剪票机、自助售烟机、自助提款机、自助卖报机，乃至自助快餐机等多层次专业化发展。在西方发达国家，咖啡、糖果、甜食类的自动贩卖机已进入人们的消费习惯之中，而且随着时代的发展，新的设施还将不断出现，公共设施设计正在从单一的种类走向多元化而且进一步地走向专业化，如图1-2-6所示。

图1-2-6

1.2.2 智能化

每一次的技术进步都给世界的各个领域带来巨大的变革,设计领域更是如此,公共设施设计也是伴随着一场场的变革而不断地发展,进一步向智能化迈进,并且技术生产方式的进步使原来不可能实现的设想成为可能。计算机技术及网络技术的发展带动了自助系统的兴起,旅游导引地图牌这个单一不变的功能识别已被可以触摸选择的电脑智能化的资讯库所替代(见图1-2-7~图1-2-10)。例如,法国照相公司PHOTOMATON将该公司所属的自动照相亭,都配备安装了与因特网接头设备,使前去照相的顾客或者非顾客,能免费发出录像邮件和电子邮件。安装这些因特网免费接头,使人们能够随时与合作单位联网,例如与公共交通公司、商业中心、当地问事处等机构进行联网咨询,它还能够向人们提供因特网电子邮件的网址。法国有一家农业食品企业,开发了一种熟食自动贩卖机,这种熟食自动贩卖机可以使人们在几分钟之内拥有一份热饭菜。该公司负责人说这个计划并非创举,但以前的几次尝试都不能实现,原因主要还是在技术方面,随着技术的发展使他们的设想成为可能。

图 1-2-7

图 1-2-8

图 1-2-9

图 1-2-10

1.2.3 人性化的设计

以人为本是工业设计的出发点,人性化的设计主要体现在以下三个方面。

(1) 满足人的需求与使用的安全。

(2) 功能明确、方便。

(3) 对自然生态的保护和社会的可持续发展。

从使用者的需求出发,提供有效的服务,省时、省力的设计,将是今后公共设施设计的发展方向之一。使用者不但能有效地使用公共设施,同时在设计上能够避免使用者由于粗心或错误操作而受到伤害。如世界最先进的自动售票机的设计就有下列功能。

(1) 可选择吸烟、禁烟区。

(2) 若搭乘头等厢,则可预订在座位上用餐。

(3) 可指定坐席的类型、位置(靠窗、面对面的座位等)。

(4) 可预订往返的坐席。

(5) 可变更预订。当所希望搭乘的列车预订完成时,画面会显示发车的时间、费用。因此,只要投入钱币、车票就会出来,无需排队购票,十分方便,并且最大限度地满足了人的需求。

现代公共设施设计的目的就是极大地满足人们的使用需求。例如,现代化人性化的火车站设计,应该设自动扶梯避免旅客过多地上下台阶或走天桥(见图1-2-11),地铁应直通火车站大厅,各类设施如电话亭、自助售票机、自动查询机应排列成行(见图1-2-12),标识导向牌应指示明确一应俱全,有台阶的地方设置无障碍专用升降电梯等。现代公共设施还应考虑设计所适用地区的环境气候、风土人情和人的生活习惯,如电话亭的设计就要考虑人的多种需求,考虑人的隐私、心理、隔音、空气流通等,从心理因素出发,利用玻璃的通透性避免使人产生压迫感,而在安全性上就应选用钢化玻璃,以防玻璃破碎伤人。

图1-2-11

图1-2-12

1.2.4 产品化设计

工业化是工业设计产生和存在的条件,现代化公共设施设计的工业构件的标准化与模块化是构成设施产品化的两大基础要素,产品化设计趋势主要出于以下三个方面加以考虑。

1. 从降低成本考虑

由于公共设施设计的种类多、需求量大，所以工业化生产的构件的互换通用减少了模具的套数，标准化、模块化、多元组合拆卸、装配为批量生产提供了捷径，大大地降低了产品设计的成本，同时减少了包装和运输费用。

2. 从生态环保考虑

在工厂生产出高精度的标准化配件、现场组合安装、提高了生产效率同时，又便于维修和拆卸，这样既方便了行人与车辆，又免除了现场施工的噪声与尘土，缩短了施工周期，有利于环境的保护。

3. 从时代性考虑

由于公共设施是城市文化的载体、体现了城市文明，同时工业化也体现了一个国家和地区的现代化的发展水平，现代技术的高精度的构件组合和新材料的运用，最好地反映出时代特色，如图1-2-13～图1-2-16所示。

图1-2-13

图1-2-14

图1-2-15

图1-2-16

1.2.5 艺术化与景观化设计

现代公共设施设计涵盖面是广泛而深远的，不仅包括设施的设计、生产、使用和维护，同时与城市规划设计、城市景观设计、建筑设计和传统艺术也是密不可分的。随着设施化场所的日益完善，在诸多商业用地、楼盘小区、公园、学校等规划完成之后，更多的规划评价标准倾注于具体的单体设施等细节上，以此来评判现代建筑景观与环境规划的优劣。也正是应此趋势的发展，人们对"城市家具"即指示系统、休息座椅、照明设施、候车厅等众人共享的公共设施设计也提出了更高、更全面的要求，人们开始更多地关注公共设施与景观的相互融合。

景观是综合性很强的一个多重概念，景观化具体到公共设施设计中来，需具备共同的安全性、舒适性及观赏性。优秀的景观化的公共设施产品应该是与该地区整体自然与人文环境相互融合，互为优化。现代景观规划设计与设施设计都应拥有自己独特的视觉识别性，视觉传达的协调性，设施应用材料与造型的统一性，应用尺度上的准确性与设施色彩的一致性等，都应该是现代公共设施在城市独特景观规划下所必须考虑的内容。布局合理、设计周到的公共设施不仅体现城市建设者和管理者无微不至的人性化服务，更重要的是赋予设施所处景观与众不同的形象和魅力。地域特性也要考虑许多相关因素，如南方对照明系统的防雨维护、具体使用区域的人群需求等。要考虑景观特定的风格理念，分析设计中自然环境与人文建筑对设施系统的影响，在统一的设计风格中寻求变化。过分突出的单独设施会破坏景观的全局的整体效果，未来的设施设计一定是朝向艺术与自然风格兼具，设计主题也不再仅以"服务"来定位功能性是否得到满足，而是更多追求艺术上的感染力与生命力及环境景观的一体化与系统化，如图1-2-17、图1-2-18所示。

图1-2-17　　　　　　　　　　　图1-2-18

现代公共设施设计已不是孤立的单一化的产品设计，它已越来越融入环境的整体设计之中，越来越重视单体产品设计后的规划与组合，每一件设施设计也不仅限于一种形态与色彩，而是形成一个系列。例如，同一造型的果皮箱的设计在色彩上就可以多样化些，多种多样的色彩，置于某一场景，在大环境中起到了调节作用，活跃了景观的氛围。再如自行车存放架的设计如与花架、媒体广告、休息座椅很好的结合，不但起到了规范自行车的无序停放的作用，更起到了扩展景观空间，美化环境的作用。在环境设施的规划设计上，座椅、果皮箱、路灯等，也不仅仅限于满足功能的需求。例如，路灯应按理论光照计算，需多远放置一个，座椅、垃圾箱之间设计多远的距离才合理。而是更加艺术化、景观化来处理。

荷兰阿姆斯特丹的一个广场设施,在广场一角同一款式不同色彩的座椅与垃圾箱形成了一个疏密有致的区域,令人感到赏心悦目,打破了常规的规划设置概念。由此,我们可以看到公共设施走向艺术化与景观化是必然的趋势,如图1-2-19和图1-2-20所示。

图 1-2-19

图 1-2-20

1.2.6 公共设施设计教学的发展

随着我国教育事业的发展,公共设施设计教育一改以往水平较低、体系不完善的状态。通过20多年的具体教学实践与探索,在理论和实践上都取得了喜人的成绩,现阶段我国公共设施设计教育已初步形成教学的基本框架和教学体系,使公共设施设计与经济、科技同步发展,加大了公共设施设计的教育力度。目前我国的工业设计专业,大多开设了公共设施设计专业课,专业教育的层次主要为本科教育,学制4年,教学设置为阶段性的单元课程,但仍存在课题的深化不够、不细等问题,少数院校设立了研究生方向,学制3年,使课题研究得到进一步的深化。

1.3 公共设施设计存在的问题

我国对于公共设施的开发与设计才刚刚开始,同发达国家相比,无论是开发的广度还是深度、设计的形式和制造工艺水平,特别是管理上还相差甚远。可喜的是有些城市的公共设施设计已经引起有关部门的注意,设计、管理、制作水平在不断提高,但还存在开发的面较窄、品种单一等问题,如仅限于公共汽车停靠站、电话亭、自助提款机、座椅、垃圾箱等常规设施设计。而国外百货商店里还有出售自行车停放架,说明这些国家的公共设施设计已经产业化了,相比之下,我国在此领域还没有形成产品开发上的产业化、商业化,这是很值得引起注意的问题。就管理方面来讲,情况也不尽如人意,没有专门的部门来统一规划与管理,处于一种杂乱无序的状态。近年来,我国公共设施管理的投资多为沿袭以往的政府拨款,公众性质的公益服务居多,导致旧有的设施管理效率不高、财务亏损严重及资产负债沉重。加之投资经营机制过于死板、投入严重不足、融资渠道单一等诸多问题,使我国公共设施的进化速度远不能满足现代化城市的配套需求。

目前我国城市建设资金主要来源于维护建设税、公用事业附加费和城市基础设施配套费及土地使用权出让金。公共设施这种政府配套的城建发展也面临形式单一、老化陈旧、缺乏维护等一系列亟待解决的问题。我国城市管理水平和经济建设水平直接影响公共设施的未来发展趋向。经济发展的不平衡及城市建设领导者思维观念上的差异性，体现在具体的公共场所设施完善度上就印证了我国现行的公共设施管理体制还未形成规范、合理的机制和权责。

我国城市发展建设日新月异，居民小区开发建设越来越美，但城市配套设施设计开发严重滞后，没有跟上发展需求，使城市文化、小区景观建设大打折扣。缺少人性化设计，是目前国内设施设计的一大缺憾，如路标指示不明确，高速公路、市内街道的方向指示牌功能不明确；在街道公共场所没有供人休息的座椅、免费的儿童游乐场所等；道路上没有或很少设有专门为行人设置的红绿灯，人行道上也很少设置阻车柱，时有汽车驶入人行道伤亡事故发生。总之，设计上没有考虑为人的设计。

可喜的是，目前我国城市管理建设工作的开展已经开始对公共设施的使用维护提供支持，这不仅体现在公民意识形态的教育提升上，更重要的是为公众树立了维护公共设施的潜在行为意识，加强了公众文化宣传并提高了市民整体文化素质及文化水平。

应该提及的是，发达国家城市公共设施的建设适应时代进步的要求，高科技产业与新兴技术已经普遍应用于城市各个行业与部门的方方面面，国际化的电子资源更加便捷高效地为公共设施提供了系统的资料导视和咨询服务。而我国现有公共设施在此方面还有待提高，对公共设施设计的相关数据采集、管理、操作、分析和模拟显示、资源统筹还有待进一步的深化研究。

尽管公共设施设计在我国部分设计院校开始开设，并对公共设施设计教育起到了积极的作用，但与有关管理部门及工厂等生产部门脱节，没有建立好协作关系，这都是应该改进的方面。

复习思考题

1. 简述公共设施的基本概念。
2. 简述公共设施设计的发展趋势。

第 2 章
Chapter 2
公共设施设计的分类

公共设施设计由两部分构成：一是单体设施设计，这是公共设施设计最基础部分也最核心的部分；二是公共设施的系统规划设计，指单体的设施通过系统的规划设计所形成的与环境相协调的整体设施设计，如图 2-0-1 所示。

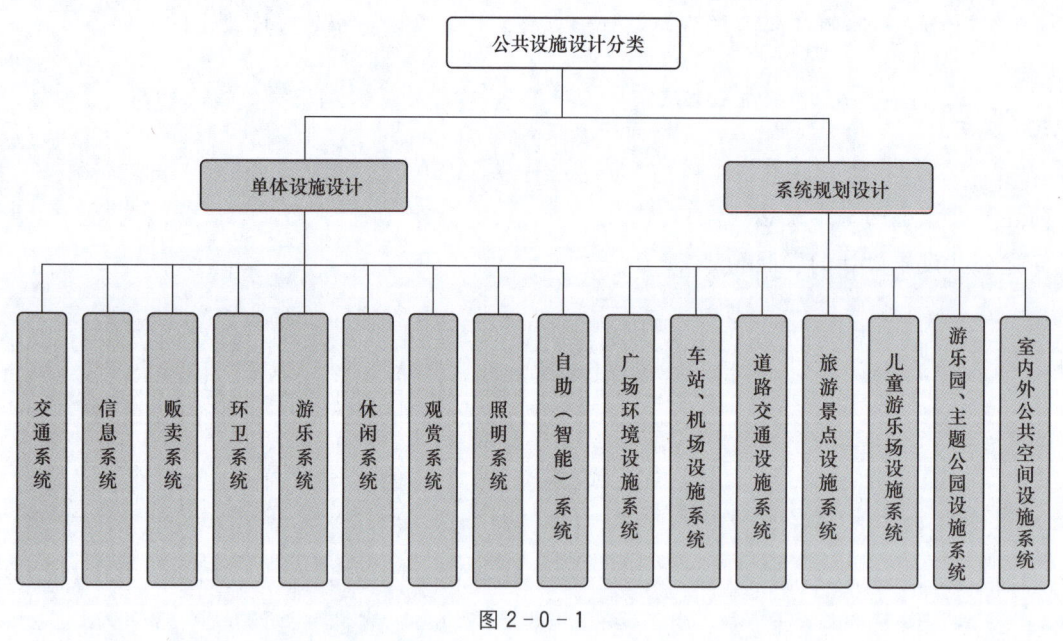

图 2-0-1

2.1 单体设施设计

公共设施是一个非常庞大的系统工程，从它的功能属性和适用环境可以划分为：交通系统、信息系统、贩卖系统、环卫系统、游乐系统、休闲系统、观赏系统、照明系统和自助（智能）系统。

（1）交通系统。可包括公共汽车站、小汽车停车场、高速公路收费站、汽车加油站、自行车存放设施、电动汽车充电站、阻车柱、人行道护栏、交通信号灯、人行通道及公路减速带等，如图 2-1-1～图 2-1-8 所示。

第2章 ◎ 公共设施设计的分类

图 2-1-1

图 2-1-3

图 2-1-4

图 2-1-5

图 2-1-6

图 2-1-7

图 2-1-8

（2）信息系统。可包括电话亭、邮筒、导示牌、广告牌及看板等，如图 2-1-9～图 2-1-18 所示。

图 2-1-9

图 2-1-10

图 2-1-11

图 2-1-12

图 2-1-13

图 2-1-14　　　　　　　　图 2-1-15　　　　　　　　图 2-1-16

图 2-1-17　　　　　　　　　　　　　图 2-1-18

(3) 贩卖系统。可包括售货亭和书报亭等，如图 2-1-19 和图 2-1-20 所示。

图 2-1-19　　　　　　　　　　　　　图 2-1-20

(4) 环卫系统。可包括移动公厕、直饮水机、垃圾回收站、果皮箱及绿植配套设计等，如图 2-1-21～图 2-1-25 所示。

图2-1-21　　　　　　　　　　　图2-1-22

图2-1-23　　　　　　图2-1-24　　　　　图2-1-25

（5）游乐系统。可包括游乐设施和儿童游乐玩具等，如图2-1-26～图2-1-30所示。

图2-1-26　　　　　　　　　　　图2-1-27

图 2-1-28

图 2-1-29

图 2-1-30

（6）休闲系统。可包括休息亭廊和休息座椅等，如图 2-1-31～图 2-1-34 所示。

图 2-1-31

图 2-1-32

图 2-1-33

图 2-1-34

（7）观赏系统。可包括花钵、水体、观赏钟及景观雕塑等，如图 2-1-35～图 2-1-40 所示。

图 2-1-35

图 2-1-36

图 2-1-37

图 2-1-38

图 2-1-39

图 2-1-40

（8）照明系统。可包括路灯、庭院灯及景观照明等，如图 2-1-41～图 2-1-45 所示。

图 2-1-41

图 2-1-42

图 2-1-43

图 2-1-44

图 2-1-45

（9）自助（智能）系统。可包括自动售货机、自动提款机、自动电脑网络查询机、自动找零机（硬币）、自动公厕、自动售票机、自动售报机、自动测高机及测重机等，如图2-1-46～图2-1-53所示。

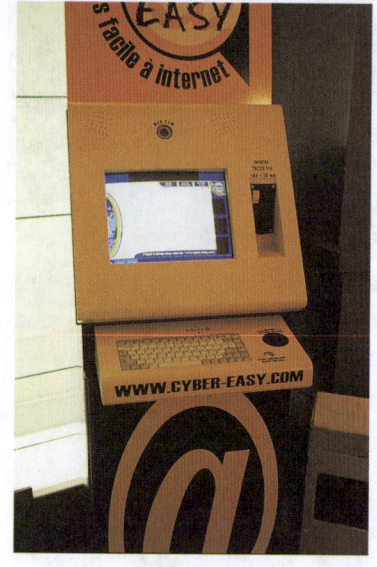
图2-1-46

图2-1-47

图2-1-48

图2-1-49

图2-1-50

图2-1-51

图2-1-52

图2-1-53

2.2 系统规划设计

2.2.1 系统规划设计的分类

公共设施的系统规划设计分为广场环境设施系统，车站、机场设施系统，道路交通设施系统，旅游景点设施系统，儿童游乐场设施系统，游乐园、主题公园设施系统和室内外公共空间设施系统设计。

(1) 广场环境设施系统规划设计，如图2-2-1~图2-2-3所示。

图2-2-1　　　　　　　　　　　图2-2-2

图2-2-3

(2) 车站、机场设施系统规划设计，如图2-2-4~图2-2-9所示。

图 2-2-4

图 2-2-5

图 2-2-6

图 2-2-7

图 2-2-8

图 2-2-9

(3) 道路交通设施系统规划设计，如图 2-2-10～图 2-2-13 所示。

图 2-2-10

图 2-2-11

图 2-2-12

图 2-2-13

（4）旅游景点设施系统规划设计，如图 2-2-14 所示。

图 2-2-14

（5）儿童游乐场设施系统规划设计，如图 2-2-15 所示。
（6）游乐园、主题公园设施系统规划设计，如图 2-2-16～图 2-2-18 所示。
（7）室内外公共空间设施系统规划设计。

图 2-2-15

图 2-2-16

图 2-2-17

图 2-2-18

2.2.2 公共设施系统规划设计要点

1. 全局因素

环境景观由自然景观与人文景观构成，其中，自然景观是天然自成的，由山形、江河、水体、地势、天空、绿色植被、岩石等构成；人文景观是由建筑物、广场、道路、公共设施、动态的车体、人群所构成。所以设施的规划设计是要以设施所处整体的环境为出发点，与周围景观形态、色彩、环境等诸要素统一考虑，发挥自然力，增色景观设计。

2. 地理环境因素

一年有四季、雨、雪、日出、日落，所以设施设计要考虑时间、空间的关系，从空间的因素来讲，如设施设计所处的位置，是高山还是平原，是水边还是凹地，是南方还是北方。我国北方冬季时间长，日照短，温度低，故色彩设计应考虑以暖色为主、冷色为辅的设计原则，同时还要注意明度不要太高，以免设施的色彩与冬季环境平淡的灰白色形成一体没有变化。设施设计要注意防寒、保暖、通风等问题，南方及内陆沙漠由于气候炎热，光照强，易造成人们的情绪不稳定，因此有些设施设计要考虑运用高明度且色彩淡雅些的，同时考虑南方的梅雨、潮湿的气候，设施设计要考虑空气的流通问题。

3. 人文环境因素

根据当地的地理环境、风土人情、地方特色，因地制宜的规划设计公共设施，形成地域性公共设施的风格特征。如法国巴黎拉德方斯新区的公共设施设计无微不至，无论是单体的设施设计还是规划的系统性，都可谓是公共设施设计的典范，如图 2-2-19～图 2-2-29 所示。

图 2-2-19

第2章◎公共设施设计的分类

图 2-2-20

图 2-2-21

图 2-2-22

图 2-2-23

图 2-2-24

图 2-2-25

图 2-2-26

图 2-2-27

图 2-2-28

图 2-2-29

维莱特公园公共设施规划设计，是解构主义建筑大师伯纳德·屈米的代表作品，屈米运用解构主义的"不系统性"和"不完整性"的处理手法，创造出有别于传统公园自然景物化的"文化景观"设计，在形态设计、色彩处理上与巴黎雅致的古典环境产生强烈的反差。屈米把形式的追求视为第一设计要素，形式游离功能，把设计上的意念通过点、线、面的几何化的组合、穿插求得形式上的独特性。设计表现了看似零乱而实质有内在结构因素和总体性考虑的高度理性的特点，如图 2-2-30～图 2-2-37 所示。

图 2-2-30

图 2-2-31

图 2-2-32

图 2-2-33

图 2-2-34

图 2-2-35

图 2-2-36

图 2-2-37

BMW 设计团队为户外景观家具制造商 Landscape Forms 设计了一系列名为 Metro40 的公共设施。Metro40 包括有广告灯箱、候车亭、公共座椅、垃圾桶等。从这些公共设施的曲面流线、材质和表面处理等处都透露出汽车设计的风格。Metro40已按城市规划和建筑设计师的设计要求而开发，以帮助提升城市中心的生活体验，提升公共系统的整体形象，如图2-2-38～图2-2-50所示。

图2-2-38

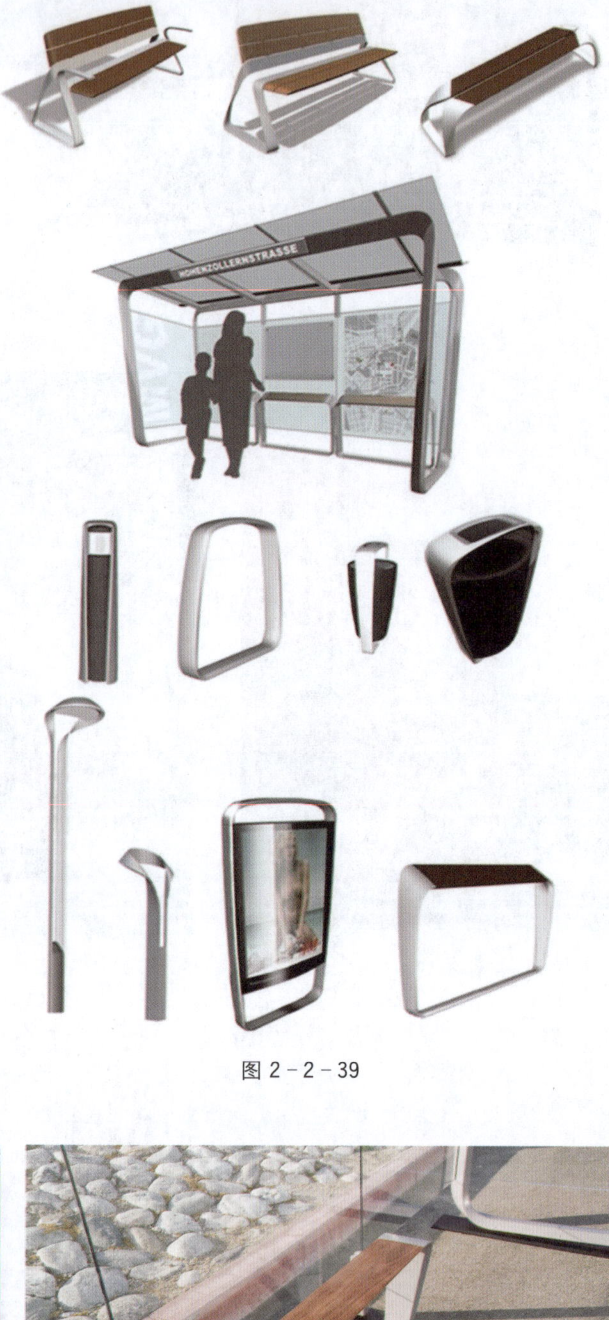

图2-2-39

图2-2-40

图2-2-41

第 2 章◎公共设施设计的分类

图 2-2-42

图 2-2-43

图 2-2-44

图 2-2-45

图 2-2-46

图 2-2-47

图 2-2-48

图 2-2-49

图 2-2-50

4. 人的行为因素

在公共设施设计规划时应对环境状况和人的行为习惯进行调研，如环境有什么特征？是何性质的设施规划？使用者的构成成分如何？是年轻人、老年人还是儿童？另外，还要考虑使用人群的文化素养，民族宗教意识。设施操作的可行性，要注意人性化的处理是否对人产生使用上的危害，是否考虑了残疾人、老人及儿童的使用等。

5. 功能分区因素

空间的组织规划要对进退有序、高低有致、开合有法，曲折有度等科学要素进行把握，同时要注意空间的节点处理，注意设施规划的连续性、延伸性，总体的节奏感及艺术性的把握，形成既变化又统一的整体的景观性艺术效果。功能划分起着很大作用，可以使设计师对设计有总体的客观把握，可以使众多的不同功能部分通过有组织规划组成有序的合理空间，有助于研究各要素之间的相互关系、相互作用。总体空间的位置限定了设施形象的确立，进而使公共设施设计进一步得到完善。

6. 无障碍设计因素

是否需要考虑无障碍设计的规范、标准等问题。

7. 低碳环保因素

低碳环保因素体现在设计理念、设计方法、色彩运用、材料选择、制作方式等诸方面。

8. 政策法规因素

设计规划是否符合相关政策法规的执行，是否符合国际化标准。

2.2.3　公共设施规划的系统设计方法

1. 系统设计的指导思想

系统论的优化原则可以总结为：整体大于部分之和，一个产品及有关问题并不是相关要素的简单相加，只有协调好各元素的关系才能充分发挥其作用。系统设计主要表现在解决问题的指导思想和原则上，就是要从整体、全局和相互联系上来考虑设计对象及相关问题，从而达到设计的总体目标的最优化和实现这个目标的过程和方式的最优。系统设计思想的显著特点是整体性、综合性、最优化性。

2. 系统设计的方法

系统设计的方法很多，比较有代表性的是琼斯的系统设计方法。琼斯主张设计中主客观相结合，一方面基于直觉和经验，另一方面又基于严格的数学和逻辑处理。系统设计主要分为分析、综合和评价三个阶段。

（1）分析阶段。在系统思考的基础上，把设计问题的各要素进行分解，并将全部设计要素以图表的形式表示出来，进行相互关系的分析，确定设计的各项要求和达到的方法。然后对相关问题进行一定的理性思考，确认设计的目标，整理成完整的材料。

（2）综合阶段。将分解的设计要素再重新组合，先是各部分单独思考，部分求解，然后找出各限制条件，进行综合求解。所谓综合，即对各项要求的可能性进行求解，并最终得出综合最优解。

（3）评价阶段。首先确定评价的标准和方法，然后进行综合评价，这是对综合过程所得出的结果做出的最终判断。其实，系统设计方法的共同点都是为实现整体的优化，通过系统分析，为解决设计问题提供依据，加深对设计问题的认识，启发构思，进而对分析的结果加以归纳、整理、完善和改进，在新的起点上达到系统的综合，从整体和全局上把握系统分析和系统综合的方向，以实现整体、系统、和谐、高效为总目标。根据不同部分的特性分别求解，消除其不必要的弊端，然后整合，再综合求解，得出一个最优化的方案。

2.3　公共设施的分类设计详述

2.3.1　公共汽车站设计

公共汽车站是人们候车的公共空间，由休息座椅、行车地图、站牌等基本设施构成。设计时可依据实际情况将阅报栏、果皮箱、广告媒体、安全护栏、电话亭等相关设施运用其中。公共汽车站还需具有防晒、防雨、防风的功能，高寒地区也可考虑防寒的功能。在设置上要注意体量大小得体，以免破坏周围的整体环境，或使人产生心理不安的感觉。在功能上要注意人们上下车的通畅，车站的设置不要占用人行道，车站周边人流量和车流量也是设计、布局考虑的重要因素。此外还可考虑配合绿植以净化周边环境。高科技的运用也十分必要，如GPS定位系统的应用可使乘客随时了解公交车的行进情况，使之更加人性化，如图2-3-1～图2-3-8所示。

图 2-3-1

图 2-3-2

图 2-3-3

图 2-3-4

图 2-3-5

图 2-3-6

图 2-3-7

图 2-3-8

2.3.2 小汽车停车场的设计

当下停车场的设计大多停留在单纯的区域划分上,并没有完整意义上的工业化、艺术化的设计。主要问题集中在现有设计的不合理、外观的不协调、操作上的复杂、冰冷的工业味道等诸多方面。

停车场设计是一个复杂的系统工程,在设计规划停车场的初始阶段,会遇到判断容量、引导车流和标识规划等诸多问题。设计时应注意汽车出入口优先的原则最重要,车行路线次重要。其中,动线设计的核心原则就是单向通行原则。进出行驶的便捷性、方位指示要清晰无误,从街区到停车场,到进入停车场,到找到车位,标识必须使人不用思考就能到想去的地方,如表 2-3-1 所示。

表 2-3-1　　　　　　　　　　　　　停 车 场 设 计　　　　　　　　　　　　单位:m

停车方式 项目	平行式	斜 列 式				垂直式	
		30°	45°	60°	90°		
	前进停车	前进停车	前进停车	前进停车	后退停车	前进停车	后退停车
垂直通车道方向的 最小停车带宽度	2.4	3.6	4.4	5.0	5.0	5.3	5.3
平行通车道方向的 最小停车位宽度	6.0	4.8	3.4	2.8	2.8	2.4	2.4
通车道最小宽度	3.8	3.8	3.8	4.5	4.2	9.0	5.5

2.3.3 自行车停放设施设计

自行车的停放方式与功能是多种多样的,应依不同的街区、道路及地理环境设置存放形式。在设计上还可以结合媒体做些商业广告,以此作为自行车存放设施的维修养护之用。另外还可以同其他设施如花钵等设施结合设计以节省空间、创造出新颖的形式,还可以设计具有特种功能的产品,如有自锁功能、投币功能等。自行车存放设施可以分为以下几种方式。

(1) 适用于小区类型的。这种类型包括两种形式,一种形式是集中存放的车库型,具有长期存放功能,室内外均可。在室外多为有棚式,具有遮阳、防寒、保暖功能,这种存放方式一定要很好地利用空间,便于存取。另一种形式是轻便小巧型,色彩鲜明,形式感强,对景观有点睛的效果。

（2）适用于学校、机关、企事业单位型的。这种形式多为白天上学或工作时的短期存放，多为集中式和有棚式，设计上要考虑空间的利用。

（3）适用于一二级马路型。这种形式多为排列式，主要是临时使用，存放功能主要起到规范美化作用，使自行车的停放有规矩、整齐划一，可以是简易的有棚式或无棚式。

（4）适用于商业网点、商场、步行街。这种类型多为无棚式。

（5）适用于大型超市、市场、汽车停车场等环境。这种类型往往场地大、存车多，设计时需要考虑的因素多些，如标识牌、照明设施和其他配套设施等，包括岛式、横排式等形式。

自行车存放设施的外观效果主要取决于设施的总体形态、比例和材质的选用，以及色彩的运用等。自行车停放应整齐划一，不影响景观，最好是以每10辆一组，使停车场井然有序，减少街道景观的混乱，如图2-3-9～图2-3-13所示。

图2-3-9

图2-3-10

图2-3-11

图2-3-12

图2-3-13

表 2-3-2 是自行车各种停车方式占地面积的基本尺寸，可以作为计算存放自行车设施占地面积的参考依据。

表 2-3-2　　自行车存放设施占地面积尺寸表

	平面停车	立柱停车	悬挂停车	角度停车（45°）	角制停车（圆形）	重叠停车
占有面积 /(m²/辆)	0.6×1.86=1.1	0.6×1.56=0.936	0.6×0.95=0.57	1.36×1.36=1.86	1.34	0.4×1.7=0.68
n 辆占有面积	1.1×n	0.936×n	0.57×n	(n−1)×0.4×1.36−1.36	1.34<n	0.68×(n−1)+1.1

2.3.4　公用电话机设计

公用电话以消费方式大致分为 3 类：①IC 卡式电话；②磁卡电话；③投币电话。

公用电话要考虑其公有性、地区固定性与抗损性，可以具有可视功能，上网浏览、购物功能，可发电子邮件，可翻译不同地区语言、夜间荧屏的可视功能，有触摸屏交互界面，人机交流更快捷。公用电话可以有不同的消费方式供选择，如 IC 卡、磁卡、硬币都可在一台电话机上使用，这样可方便消费者，并提高公用电话的使用率。产品内部结构采取集成电路块组合形式，加快传输速度，拆、装、组合及维修都很方便。

1. 按键的设计

公用电话按键的尺寸应按人手指的尺寸和指端弧形设计，键盘上若需字母和数字，则应符合我国国家标准和国际标准。同样，键盘的布局也应如此，按键可按不同用途配以不同颜色。按键应该能够可靠地复原到初始位置，并能对系统的状态有所显示。按键的形态设计一般应为圆形或方形，为操作方便，按键表面设计最好设计成凹形。

2. 入卡口

公用电话入卡口在考虑稳定性的同时，应兼顾其入卡和取卡时的方向和力度，用辅助形态导入卡片，并配以方向箭头示意。

3. 话筒

公用电话话筒的形态及色彩要与机体相协调，并有所区别。话筒设计要注意：①用触觉能识别；②大小要适当，把手形状要考虑用力适中；③表面不容易滑动；④外形具有方向性；⑤电话线长短要适中，确保话筒脱落时不倒地。如图 2-3-14～图 2-3-18 所示。

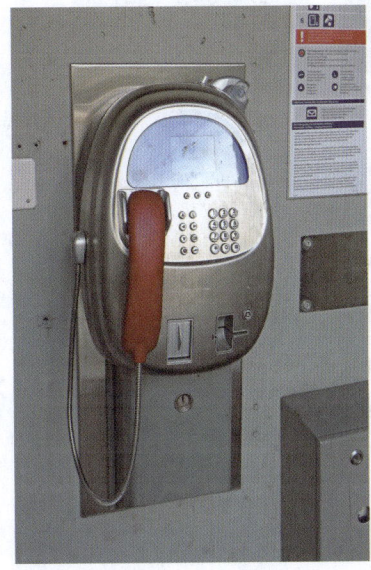

图 2-3-14

图 2-3-15

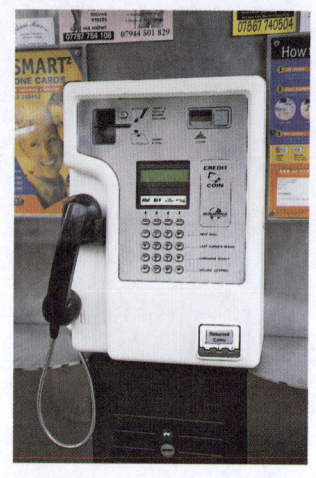  

图 2-3-16　　　　　　　　图 2-3-17　　　　　　　　图 2-3-18

2.3.5　公用电话亭设计

电话亭主要由电话机、隔断、可放置小物品的台面、话机挂架等组成，形式有封闭式、半封闭式、敞开式三种，封闭式电话亭满足了人的心理与生理的需求，私密感强，隔音效果好，使用率高，但占地面积相对较大。半封闭或敞开式电话亭，灵活方便，占地小，但隔声效果差。电话亭的设计要注意采光，并在内部设灯光以便夜间使用，同时，采用透明材料如钢化玻璃以利用自然光，减少人的心理局促感，又满足了私密性，封闭式电话亭在设计上还要注意空气的流通，如图2-3-19～图2-3-25所示。

图 2-3-19　　　　　　　　　　　　图 2-3-20

图 2-3-21　　　　　　　图 2-3-22　　　　　　　图 2-3-23

图 2-3-24　　　　　　　　　　　　　　　　　图 2-3-25

2.3.6　导示系统设计

导示系统是广泛应用于城市道路和公共活动场所中必需的设施，是由视觉传达设计、产品造型设计与环境设计统一构成的综合体，具有引导方位、指示方向、传达信息的功能。除了要以工业化手段构建出基础造型平台外，上面还要由文字、标记、图形符号构成平面化的信息语言。导示牌的设计要具有易读、易记、易识别的特点。导示系统在城市交通标识中体现得最为直接，其首要任务是迅速准确地传递信息。导示系统标识一般设在道路交叉中、交通环岛、道路绿化带、入口、建筑立面、楼梯缓步台、窗口及地面等位置上。

导示系统形式上可分为壁式、镶嵌式、悬挂式、悬挑式、落地式、敞开式、封闭式等类型。导示系统的设计应细心经营，包括字体的大小、版式的排列方式、设置的方位、视线的远近及夜间的可视性等。例如，位于高速公路旁的标识设计，由于车速快、空间大、建筑物少等原因，设计上应注意视觉冲击力要强，文字要大而少，传递的信息要明了。而步行街的导示牌由于空间尺度小，距人的视点近，人流行走慢，且可驻足观看，故标识设计尺度可小些，文字图形可表现相对丰富些。同时现代技术的发展给传统的导示系统带来了很多意想不到的表现手段，设计上可进行多种尝试，如电子滚动信息系统、交互式电子触摸系统等，是一种信息量非常大的新装置，如图 2-3-26～图 2-3-39 所示。

图 2-3-26　　　　　　　　　　　　　　　　　图 2-3-27

公共设施设计（第二版）

图2-3-28

图2-3-29

图2-3-30

图2-3-31

图2-3-32

图2-3-33

图2-3-34

图 2-3-35　　　　　　　　　　　　　　　图 2-3-36

图 2-3-37　　　　　　　　图 2-3-38　　　　　　　　图 2-3-39

2.3.7　儿童游乐设施设计

儿童游乐设施除了提供儿童游乐、玩耍场所，还需在儿童的智力、社交情绪及生理发展方面提供必要的协助。游乐设施的设计首先要保障的是儿童的安全性，这种安全概念不仅要从人机工程学的角度出发，更从儿童的心理活动和行为活动紧密相连。如设施上的配件钉子、螺栓等不能勾住儿童的衣物或身体，地面要有软材料的保护如沙子、树皮、橡胶等，在高出地面的设施上应加上围栏以防止儿童跌落。

游乐设施设计还应加入一些激发儿童想象力的因素，低幼儿的设施旁应放置一些成人座椅和可放置包裹之类用品的地方。儿童游乐设施旁最好设有饮用的水源如饮水机和能游戏用的水体，这样儿童玩耍时既能方便游乐又能清洁卫生。同时要充分利用自然的地形、地貌等自然要素，如木头、沙子、水、植被、坡地等要素来设置设施。还要为孩子们提供再创造的条件，以此开发儿童的智力增加设施的趣味性，要尽可能地使游乐设施的设计元素丰富多样，如秋千、滑梯、爬杆、吊环、吊桥等传统方式与现代技术手段恰当安排，合理分配布局，以增加孩子的兴趣，满足儿童游乐的需求，如图 2-3-40～图 2-3-50 所示。

图 2-3-40

图 2-3-41

图 2-3-42

图 2-3-43

图 2-3-44

图2-3-45

图2-3-46

图2-3-47

图2-3-48

图2-3-49

图2-3-50

中国玩具协会对儿童游乐设施设计安全有明确的指导规范，具体内容列举如下。

1. 什么是儿童游乐设施？

儿童游乐设施是供儿童在室内或室外单独或集体游乐，并且配合他们自己随时变化的游玩规则或动机的设备或结构，包括组件及配件。

2. 成年人使用范围

儿童游乐设施在设计时，应当保证成年人能够在设施内协助儿童玩耍。对于距离入口大于2m的封闭式设备，例如隧道及游乐屋，只有当设施的不同侧拥有至少两个互相独立的出入口时，才可以投入使用。上述出入口不能锁住，并且无需任何额外帮助（例如，通过使用非设备组成部分的梯子）即可出入。

3. 扶手

扶手离站立面高度范围为600~850mm，扶手的截面宽度不应大于60mm。

4. 栏杆

对于不易到达的设施部分，当平台面高于游玩地面1~2m时，应当提供栏杆。栏杆的高度从平台、楼梯或斜坡表面开始计算，到栏杆上部的高度不得少于600mm，且不得超过850mm。除出入口之外，栏杆必须完整地围绕平台，出入口的宽度最大开口为500mm，但除楼梯、斜坡及桥梁外，其出口也不能大于它们宽度。

5. 屏障

除出入口之外，屏障必须完整地围绕平台。出入口的宽度最大为500mm，除非上面装有横杆。

不得设置可能被儿童当做楼梯攀爬的中间水平或接近水平的扶手或横杆。屏障顶部的设计不得诱导儿童站立或坐立其上，亦不得有任何诱导儿童攀爬的填充物。屏障之间的间隙不允许通过测试模块。对于不易到达的设施，当平台面高出游乐表面2m时，应当设有屏障。从平台、楼梯或滑梯表面开始计算，到屏障最高点的高度至少应为700mm。

6. 环握要求

用于环握的结构件截面，其通过中心的尺寸应为16~45mm。

7. 设施的要求

设施不得有突出螺钉、突出的剩余绳索或突出或边缘尖锐的组件。设施任何可接触部分伸出超过8mm，且没有从突出部分末端起超过25mm的相邻区域隔离的角落、边缘及突出部分，应当做圆滑处理，弧度半径至少为3mm。

8. 夹住衣物

产品设计时，应预防在以下场所发生风险：当使用者在受力下运动时或之前瞬间可能发生衣物的一部分被夹住的间隙或V形开口、突出部分，以及轴杆或旋转部分，当使用圆形截面的组件时应特别注意避免在跌落空间内发生衣物绞住事故。

注意事项：可以通过使用间隔装置或类似装置来实现。轴杆及旋转部件应采取措施预防衣物或头发被夹。

9. 夹住整个身体

建造设施时，应注意避免在以下场合发生导致身体被夹情形。

（1）儿童可以整个身体爬入的隧道。

（2）重的或者带刚性绳的悬挂部分。

10. 夹住脚或腿

产品结构设计应注意避免在以下场合发生事故。

（1）儿童可以奔跑或攀爬的表面封闭的刚性开口。

（2）从表面突兀的搁足或扶手处。

注意事项：在（2）情形中，如果使用者摔倒，被夹住的脚或脚踝可能会严重受伤。用于奔跑或行走的表面不得有可能导致脚部或腿部被夹的任何间隙。行走方向的间隙。

不应大于30mm，该要求不适用于倾角大于45°的表面。

11. 夹住手指

产品设计时，应注意避免在以下场合发生导致手指被夹情形。

（1）当身体的其他部分还在运动中（例如滑梯、荡秋千）而手指还在间隙里面。

（2）变化的间隙（不包括链条）。

使用者可能发生被迫运动的自由空间内部的开口，以及其下侧高于支持面1m的开口，进行测试时，应当符合以下要求之一。

（1）8mm测试指不能通过开口的最小部分。

（2）8mm测试指能通过开口，25mm测试指也能通过开口，但前提是开口不允许进入另一个会夹住手指的场所。

12. 运动与跌倒时预防受伤

13. 自由跌落空间的确定

（1）在确定自由跌落空间时，应考虑设施及使用者的可能动作，一般情况下应考虑设施的最大的动作。

（2）如果屋顶或其他装备不用于游玩，如没有指示可以进入，就无需归入到自由跌落空间里。

（3）自由跌落的空间高度应小于3m。

2.3.8 垃圾站、果皮箱

垃圾站、果皮箱的设计是最易被人忽视的公共设施，设计时结构上要便于垃圾的存放、取出，形态上要避免死角，材料肌理处理上以小肌理或光面处理为宜，如图2-3-51～图2-3-55所示。果皮箱的内部结构要放置一次性的塑料袋，垃圾站设计可以分类设置，并分为可回收和不可回收垃圾等，分类方法详见附录。

图2-3-51

图2-3-52

图 2-3-53　　　　　　　　　图 2-3-54

图 2-3-55

2.3.9　移动式公厕设计

现代科技发展迅猛，很多新技术产品都被研发出来，例如，生态公厕是采用生物技术对粪便进行厌氧处理，达到粪便减量、液化的结果，但由于成本高，未能普及。移动式公厕设计要具备上水、下水和供电三个基础条件。移动式公厕设计要符合卫生、易用、节能、环保、防异味的原则，设计要占地小，能够充分利用空间，内外兼备。每个移动式公厕内应设照明、换气扇、洗手池、衣物钩、镜子、手纸盒、废纸篓及拉手等配件。外部设计要注意尺度的大小，以单体卫生间为例，造型要简洁，充分利用标准化、模块化设计方法，组合美观、自由多变，入口门最好向外开启，投币、刷卡便捷，有显示灯等功能。要充分考虑无障碍设计，体现最大人性化，台阶以一步为宜，如图 2-3-56～图 2-3-58 所示。

图 2-3-56

图 2-3-57　　　　　　　　　　　图 2-3-58

2.3.10　休息设施设计

休息设施指公共空间中供人们休息、小坐、交谈、观看等的设施，休息设施包括桌、凳、椅、亭、廊等。休息设施的功能性不强，也不强调过多的舒适性，是较易创造出富有形式感的设施。座椅是休息设施中最主要部分，可以分为舒适型与非舒适型两种，舒适型便于长时间休息使用，非舒适型座椅为临时休息用，设计者不需要使用者得到长久的停留，休息设施的设置要注重人的心理感受，一般设置在有安全感的地方，背景环境的边缘，面向视线好，人的活动区域同时也要考虑光线、风向等因素。也可与其他设施如花钵、水池、路灯等结合进行整体设计，休息设施附近最好有直饮水机、果皮箱等公共设施，如图 2-3-59～图 2-3-61 所示。

图 2-3-59

图 2-3-60

图 2-3-61

2.3.11　观赏设施设计

观赏设施往往形成环境中的主体，常设置在引人注目的地方，其主要功能是美化环境。观赏设施一般包括观赏水体、景观雕塑、观赏钟、花钵等。水体是景观设施中不可或缺的重要元素，它能为景观增色，赋予景观灵性，水的可塑性极强，设计师可以充分发挥想象力，使水的视觉功能和使用功能得到最大的展现，如图2-3-62～图2-3-66所示。

图2-3-62

图2-3-63

图2-3-64

图2-3-65

图2-3-66

2.3.12 公共直饮水机设计

公共直饮水机是指设在公共场所,方便人们饮水的公益设施。一般可分两种形式:点式和终端式。

1. 点式

点式指在公共直饮水机内装有专用水处理系统,将自来水处理净化,去除水中的细菌、病毒菌、重金属、氯、异味、杂质等有害物。国家规定标准直饮水机的特点是安装方便,位置可根据需要随时调整。

2. 终端式

直接与分质供水设施相配套,将集中处理后的纯净水通过专用管道输送到各个公共水点。随着城市配套设施的发展和完善,终端式公共直饮水机将是一个发展方向。公共直饮水机不仅适用于广场、步行街、旅游景点、公园等室外公共场所,也可设在市场、银行、医院等室内人流密集处,方便人们直接饮用纯净水。纯净水的制作过程:导水——出水——饮水——接水——下水——净水——回收再用。

(1) 导水:人们用身体或身体的某一部分控制饮水机,使其按人的需要出水或闭水。出热水、冷水或温水,包括感应式、脚踏式、手动式和IC卡智能式等。

(2) 出水:饮用水出口。即水龙头或喷水装置。

(3) 饮水:使饮水机各部分具体尺寸与功能符合人机工程学原理。

(4) 接水:承接水流,不使水浸湿衣物。

(5) 下水:使废水按规定的管道导出。

(6) 净水:除去水中的菌类和病毒、有害无机物质、杂质等,滤化包括紫外线杀毒纳滤,反渗透,臭氧除菌等。

(7) 回收再用:把经过滤化的水由水厂又循环流向各饮水机,如图2-3-67、图2-3-68所示。

图2-3-67

图2-3-68

2.3.13 户外照明设计

人的视觉功能依赖于环境的照明,即光环境,因此光环境的好与坏对人生活有着至关重要的影响。在视觉环境中,人的眼睛对环境的明暗、色彩的感觉,是通过视网膜感受到神经传导到大脑后产生的反应。光线是视觉神经感受的唯一条件,因此灯光所处的环境,光源类型的选择,光源的角度、距离、方向,光的照明质量等,使人处在舒适的光环境中,是灯具设计的首要因素。因此,在灯具的设计中,应考虑人们心理和生理的反应,应减少直接用光,直接用光对视觉常造成压迫感。理想的灯具设计不会清楚地看到光源,这样就避免灯光因为过亮而造成头晕目眩。设计时,应考虑灯光柔和明亮,有针对性地服务于不同场合和使用人群,尽量减少光污染对人们的危害,提供舒适的视觉环境。灯具的采光方式有很多种,因采光方式的不同会营造出不同的气氛,通过不同的采光方式,可以让人融入灯光所营造的环境氛围中去。直射式采光,场面明亮、热烈,适用于广场、运动场所;折射式采光通过光在透明物体中的折射,达到一种特殊的效果,适用于装饰性灯具的应用;反射式采光,光线比较柔和,适用于路面、草坪灯等灯具。

采用何种照明方式主要考虑环境的需要及人的心理、生理反应。灯具光源颜色的应用从某种意义上可调整人的心理状态,现在人们的生活节奏不断加快,精神上处于一种紧张的状态,而灯光的颜色、亮度使用适当,可在一定程度上减轻人的压力,调整人的情绪。这里所说的灯光的颜色主要涉及光的冷暖,暖色光让人感到和谐、温暖,而冷色光让人感到清凉、舒畅,光因冷暖变化而对人的视觉感受的影响应充分利用到设计上去,让灯具也能起到调节人们情绪、减轻工作带来的压力,这才是户外照明所需要的。常规的灯具类型有路灯、广场灯、草坪灯等。

2.3.14 垃圾回收站设计

1. 城市垃圾的具体分类

如何处理城市垃圾,是一个令现代社会头痛的问题。我国的部分城市目前正在实施垃圾的分类回收,这无疑促进了城市的发展,但是目前的垃圾分类回收中还存在着一些丞待解决的问题。

(1) 食品垃圾:指人们在买卖、储藏、加工、食用各种食品的过程中所产生的垃圾。

(2) 普通垃圾:包括废弃纸制品、废塑料、破布及各种纺织品、废橡胶、破皮革制品、废木材及木制品、破玻璃、废金属制品及尘土等。

(3) 建筑垃圾:包括泥土、石块、混凝土块、碎砖、废木材、废管道及电器废料等。

(4) 清扫垃圾:包括公共垃圾箱的废弃物、公共场所的清扫物、路面损坏后的废物等。

(5) 危险垃圾:包括干电池、日光灯管、温度计等各种化学和生物危险品,易燃易爆物品及含放射性物的废物。这类垃圾一般不能混入普通垃圾中。

2. 垃圾的分类回收

垃圾的分类回收具体分为以下几种。

(1) 可收回垃圾(蓝色):纸类、玻璃、金属、塑料、橡胶、竹木制品、纺织品等。

(2) 不可回收垃圾(黄色):残羹剩饭、菜叶、果皮等厨房垃圾和灰尘、杂草、枯枝等。

(3) 有害垃圾(红色):日光灯管、电池、喷雾罐、油漆罐、废润滑剂罐、药品、药瓶、涂改液瓶、过期化妆品、一次性注射器等。(注:不同的颜色代表了不同的垃圾类别)

3. 以往垃圾回收站的一些问题与不足

（1）垃圾回收站多为露天结构，垃圾与空气直接接触，而垃圾产生的废气对周围空气势必造成污染。

（2）分类回收的垃圾桶多为开放式的结构，容易被一般人群接触到，从而影响垃圾分类回收的质量。

（3）垃圾回收站多为地表式或悬空式，外形过于简单，功能不够合理，对周围的空间有一定的负面影响，而且有碍观瞻。

（4）垃圾的存放空间不够合理，不能把垃圾存放过程中产生的废气进行无害化的处理。

（5）垃圾转移的过程中很容易散落垃圾，造成对环境的污染。

4. 地下垃圾回收站

地下垃圾分类回收站的初步构思与具体解决方案。

（1）为了避免垃圾回收站对周围环境造成二次污染，将垃圾回收站改建在地下，这样既可以避免二次污染，又不影响周围环境的美感。

（2）为了将垃圾与一般人群隔离开，所以垃圾桶的开放方式可以采取封闭式的结构，配置上高科技的红外线感应头，既可以与一般的人群分离，又可以减少垃圾对周围环境的影响。

（3）地表式和悬空式的垃圾回收站很难给人干净整洁的感觉，所以垃圾回收站设置在地下，既可以减少垃圾站的负面影响，又可以让周围的环境更加和谐统一。

（4）垃圾在存放过程中会发生腐烂霉变等现象，同时会产生一定量的废气，地表以下的温度要低于地表以上的温度，这样可以减缓腐烂霉变的时间。如果再配备上专用的制冷系统，就可以基本上杜绝短时间内垃圾腐烂霉变的几率。

（5）如果在垃圾存放过程中不可避免地产生了一些废气，可以在封闭的垃圾桶上配备一个通气孔，这样就可以基本解决废气的问题了。

（6）垃圾的转移过程中，可以采用全封闭的转移过程，通过专用的垃圾通道和专用的管道接口方式，将垃圾桶与垃圾运输车进行完全密封的对接，这样就完全避免了垃圾运转过程中对环境造成的不必要的污染。

（7）垃圾回收站使用的生活垃圾容器的位置要固定，既要符合方便居民和不影响市容等要求，又要利于垃圾的分类收集和机械化运输。所以垃圾回收站应设置在对居民区影响相对较小的位置，并且在垃圾站附近应进行一定的绿化和建设，使得垃圾站更加贴近人们的日常生活。垃圾站还配备专门的垃圾回收车，可以与垃圾储存空间进行完全对接，进而避免了垃圾转移过程中的二次污染问题。

城市垃圾的分类回收是解决城市垃圾问题的唯一的、有效的、根本的出路，只有在真正意义上实现了垃圾的分类回收，我们才可称之为"绿色垃圾回收"，如图 2-3-69 所示。

图 2-3-69

2.3.15 售货亭设计

售货亭的设计要依所售物品的属性为设计依据，如报刊亭、冷饮亭、小食品及小型纪念品等。售货亭的占地面积一般不太大，设计要注意亭体的尺度，内部空间的功能划分、操作界面及售货窗口的尺度大小高低、货架存放物的大小高矮、物品的展示功能、亭体的识别性、人文性、内外空间的照明、安全性等要素。售货亭的设计要尽可能地利用空间，充分展示出商品的使用功能，还可加入可移动元素，这样可以按照使用者的意愿随时更换地点，使使用效率得到提高，如图2-3-70～图2-3-72所示。

图2-3-70

图2-3-71

图2-3-72

复习思考题

1. 单体设施设计分为哪些种类？
2. 简述公共设施规划设计要点。

第 3 章
Chapter 3

公共设施的产品化设计

3.1 公共设施的标准化设计

3.1.1 标准化的概念

国家标准 GB/T 3951—83 对标准化下的定义是：在经济、技术、科学及管理的社会实践中，对重复性事物和概念，通过定制发布和实施标准，达到统一，以获得最佳秩序和社会效益。

标准化主要包括三个方面：①物质资料的标准化，例如原料、材料、半成品、成品的品种、规格等的标准化；②方法和程序的标准化，如作业方法、试验方法、检验规程、安全规则等的标准化；③概念标准化，如采用统一的图形、符号、名称、术语等。

而公共设施的标准化设计则是利用已有的标准化材料或者对材料进行标准化制定，以这样的材料作为公共设施设计的基础，然后再将设计思想体现在标准件之上，以减少材料的加工成本，方便设计的流程，加快施工的速度，最大限度地使用已有标准化材料，将标准化材料加工成标准化的模块单元，进而在实地使用拼装，它具有较高的灵活性、适应性和便捷性。

3.1.2 公共设施标准化的必要性

公共设施的标准化是现代化工业生产发展的客观需要，是生产上技术上实现集中、统一、协调和互换的保证。实行公共设施的标准化，有利于提高公共设施的质量和使用率。在标准化的实现上，需要国家建立相应的法规，来规范标准化，这样才可以更好地服务于社会大众。实现标准化，不仅可以更好的完善公共设施的功能，还可以简化生产流程，节省能源。标准化设计有助于公共设施的各组成部分能自由组合和重新构造，形成不同的组合方式和新的功能，不仅促进了公共设施的模块化程度，还能提高设施各部件的重复利用率，减少了材料和资源的浪费。方便公共设施的运输、组装、维护和管理，减少相关人员的工作负担，也节省了大量的人力物力。同时，设计时尽量选择标准件的连接方式，避免部件之间用黏合剂，减少对环境的污染和对人体的伤害，如图 3-1-1～图 3-1-5 所示。

图 3-1-1

图 3-1-2

图 3-1-3

图 3-1-4

图 3-1-5

3.1.3 公共设施的标准件

标准件是指结构、尺寸、画法、标记等各个方面已经完全标准化，并由专业厂生产的常用的零（部）件。标准件的使用标准主要有中国国家标准（GB）、美国机械工程师协会标准（ANSI/ASME）等。人们通常把已有国家标准的紧固件称为标准件，标准件具有极高的标准化、系列化、通用化程度。标准件的选择应在满足环境、使用功能和美化功能的基础上，充分考虑材料的性能及适用范围，对材料进行合理的搭配使用，以达到理想的效果。同时在选择使用标准件时，应从稳固性、长远性、经济性的角度考虑，既要满足设施目前的功能、外观需要，又要考虑到以后环境的更新变化，保证总体上的经济性。

公共设施的标准件通常包括紧固件与连接件（螺栓、螺柱、螺钉、螺母、自攻螺钉、组合件和连接副等）；标准板材、管件、型材等标准材料只是国家标准的一部分，其他还有很多种类的标准件，但是在公共设施的设计领域对标准件的利用还是不够充分的，所以设计师应熟练掌握了解常用标准件、常用材料的标准尺寸、规格，并利用其本身特定的属性和标准来设计，以便减少材料的加工成本，方便设计的流程，加快施工的速度，如图3-1-6～图3-1-12所示。

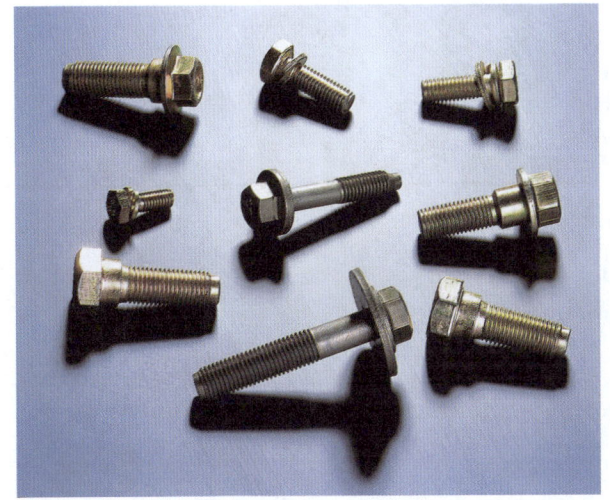

图3-1-6

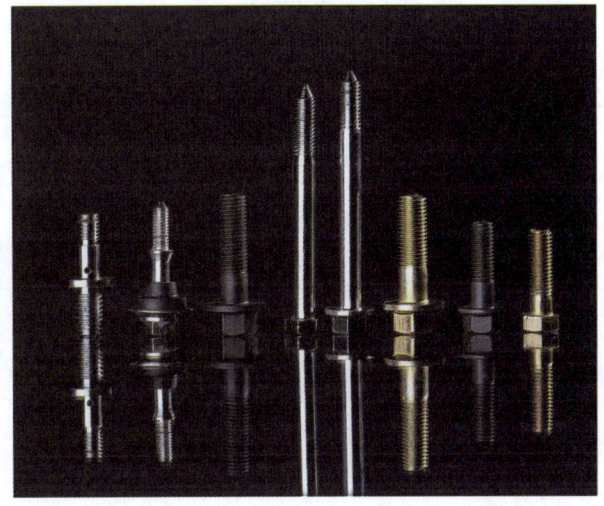

图3-1-7

图3-1-8

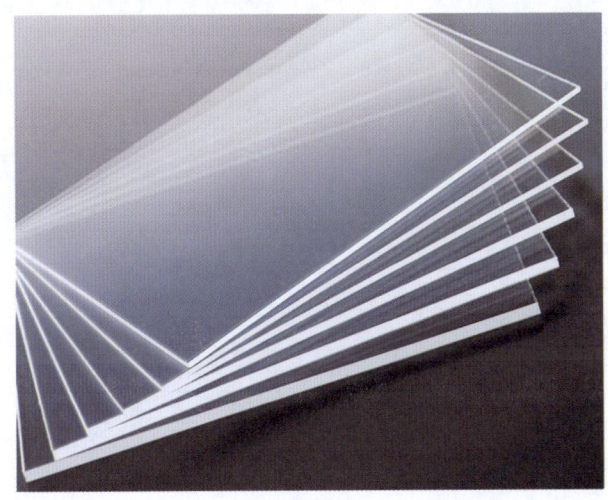

图3-1-9

图3-1-10

图 3-1-11

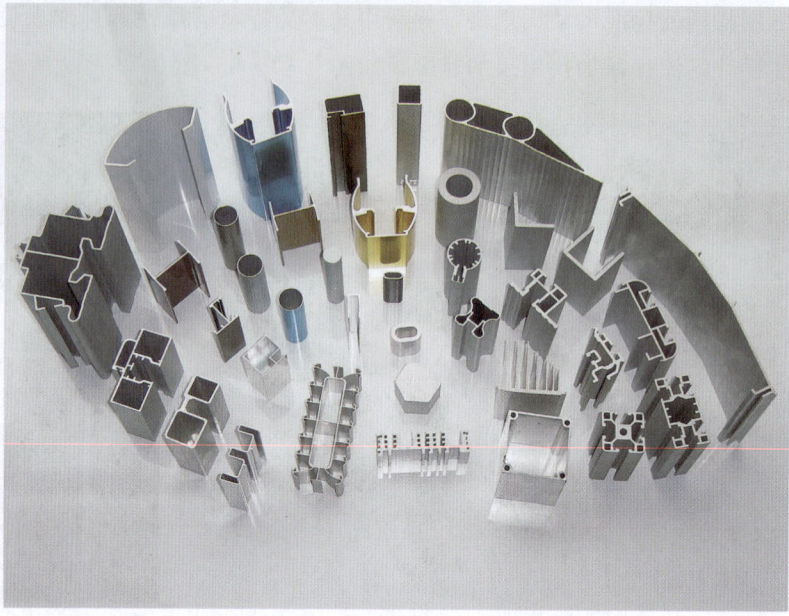
图 3-1-12

表 3-1-1～表 3-1-10 是常用的部分标准件的规格型号。

表 3-1-1　　　　　　　　　　　　标 准 紧 固 件 型 号　　　　　　　　　　　　单位：mm

螺栓规格	M1	M1.2	M2	M3	M5	M16	M24	M38	M52	M64
螺钉规格	M1	M1.6	M2	M2.5	M3	M4	M5	M8	M10	M12
螺柱规格	M1	M1.2	M1.4	M1.6	M18	M32	M52	M58	M60	M64
螺母规格	M1	M1.2	M2	M3	M5	M16	M24	M38	M52	M64

表 3-1-2　　　　　　　　　　　　常用钢化玻璃规格　　　　　　　　　　　　单位：mm

厚度	4	5	6	8	9	10	12	15	16	19
尺寸	250×100/1220×2240/900×2000/900×3000/900×4000/2440×3660									

表 3-1-3　　　　　　　　　　　　常用不锈钢管规格　　　　　　　　　　　　单位：mm

直径	厚　度									
8	0.2	0.3	0.4	0.5	0.6	0.86	1	1.1	1.45	2
9.2	0.3	0.4	0.5	0.6	0.9	1.2	1.2	1.7	2.5	2.8
16	0.5	0.6	0.7	1	1.6	2	3.2	4.2	5	6
19	0.6	0.9	1.5	2.2	2.7	3.2	4	5	6.2	7.2
25	0.8	1.1	1.5	2.3	3	3.6	5.3	6.9	8.4	10
32	1	1.6	2.5	3.7	4.6	5.5	6.7	9	11	13
36	1.2	2	3	3.7	4.7	6.2	7.8	10	12.5	15
45	1.6	2	3.2	4.2	5	7	8	10	17	20
51	1.7	2.6	4.5	5.2	6	9	11	14	18	22
60	2	3.6	4.6	6.2	7	10	13	17	21	25
63	2.1	3.8	4.7	6.5	7.4	11	13	18	22	27
76	2.6	4	5	6.8	9	13	17	22	27	32
89	3	4	6	8	12	16	20	26	32	40

表 3-1-4　　　　　　　　　　　　　　　常用槽型钢规格　　　　　　　　　　　　　　　　单位：cm

名称	规格									
中型槽钢	5	6	7	8	9	10	11	13	15	16
大型槽钢	18	20	25	27	29	30	35	36	38	40

表 3-1-5　　　　　　　　　　　　　　　常用钢板规格　　　　　　　　　　　　　　　　单位：mm

名称	厚度	宽度
薄板	0.2～4	500～1400
中板	<20	0.6～3.0
厚板	>20～60	

表 3-1-6　　　　　　　　　　　　　　　常用亚克力板规格　　　　　　　　　　　　　　　单位：mm

规格	1220×2440	1220×1830	1250×2500	2000×3000
厚度	0.01～0.05			

表 3-1-7　　　　　　　　　　　　　　　常用不锈钢板材规格　　　　　　　　　　　　　　　单位：mm

板材厚度	0.42	0.51	0.61	0.71	0.81	0.92	1.05	1.12	按制法分热轧和冷轧的两种，包括厚度0.5～4mm的薄板和4.5～35mm的厚板
板材尺寸	1219×2438/1219×3048/1219×4000								按钢种的组织特征分为5类：奥氏体型、奥氏体-铁素体型、铁素体型、马氏体型、沉淀硬化型
板材型号	201、202、301、304、304L、321、316、316L、310S								

表 3-1-8　　　　　　　　　　　　　　　常用指接板材规格　　　　　　　　　　　　　　　单位：mm

板材厚度	10	12	15	18	20	25	30	40	按材质分为：杉木板、曲柳木板、樟木板指接板还分有节与无节两种
板材尺寸	1220×2240/900×2000/900×3000/900×4000								
板材型号	单面明齿/双面明齿/单面暗齿/双面暗齿								

表 3-1-9　　　　　　　　　　　　　　　三片式重型带螺杆壁虎规格　　　　　　　　　　　　　　　单位：mm

螺栓尺寸	外圈直径	总长	
M6×60	12	45	
M8×70	14	50	膨胀螺栓由膨胀螺栓套管及螺栓两件组成，适用于在混凝土及砖砌体墙、地基上作锚固体
M10×80	16	60	
M12×90	20	75	
M16×130	25	115	

表 3-1-10　　　　　　　　　　　　　　　常用铁管材规格　　　　　　　　　　　　　　　单位：mm

管材壁厚	0.5～5.0	2	
管材尺寸	6000	6000	管材型号 Q195
管径型号	φ13～100	40	

注　表中所提供数据仅供参考，实际使用中应以厂家或商家所提供具体数据为准。

3.2 公共设施的模块化设计

3.2.1 公共设施的模块化设计理念

模块化是一种系统的产品或服务的方法，它可以在产品或服务的设计、生产与消费中得到运用，模块化设计主要包括"模块化设计""模块化生产""模块化消费""模块化管理"等几大理念。这里的公共设施的模块化设计主要研究的是"模块化设计"范畴，一般来说模块化产品是由两种以上的基础模块所组成，这些模块具有相对独立的功能、一致的几何连接口，相同种类的模块在产品族群中可以分解、互换、重组、集成，相关模块的排列组合可以形成形式多样的族群产品。模块化的产品设计可以达到以下几个目的：不同基础模块的组合配置，可以创建不同的产品，满足客户的特定需求；减少产品生产的复杂程度。模块在系列产品中可以进行互换，以产生不同的功能，满足不同使用者的需求。无论什么样的设施产品，都可以看作是由相对独立功能的几何形体所组成。这些基本的几何形体可以看作标准基础模块单元，由标准基础模块单元就可以组合出各种不同形态、功能的产品，并最终实现产品所要求的功能和表达出产品的特点。产品客观形态的这种组合、构成规律为模块化产品艺术设计方法提供了实践依据，尽管模块化有着种种优势，但并非所有的产品都可以或都需要进行模块化。模块化程度取决于设施系统的可分性与需求的多样性，并且在这过程中不会失去原有的功能。

3.2.2 模块化设计的特点

模块化设计从一个新的角度诠释了产品设计，在强调功能性的同时，考虑不同使用者的需求。模块化的产品因为设计精巧、灵活、搬运方便、拆装简易等优点，模块具有特定的结合要素以保证组合的互换性和精确度。模块化设计的实现需要有新科技、新材料、新设计思维的支持，有相配套的标准件、连接件的基础，设施系统的可分性是产品模块化的前提：①产品结构形态的模块化、统一化使公共设施产品的设计有了较大的可预见性。②拆分简单，组合方便、快捷，产品有着强大的扩展性和兼容性；可组装出多款式、多规格的族群产品。③产品部件的互换性，减少了施工的工作量并降低了产品制作成本也便于产品的维护。④拆下的零部件易于回收分类和处理，有利于低碳环保、可持续发展，如图3-2-1所示。

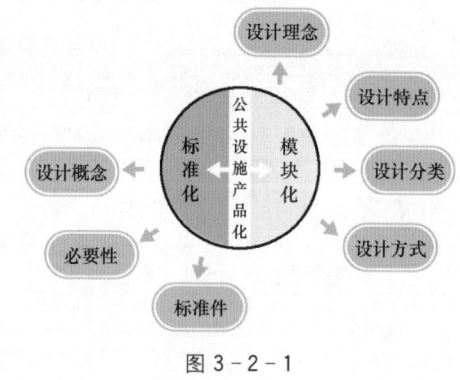

图3-2-1

3.2.3 公共设施的模块化设计分类

将产品模块进行科学的分类，以便提高设计和制造的质量和效率。产品模块大致分为以下几类。

1. 功能模块

功能模块是建构产品的主要模块、基础模块，将功能模块组合起来，可以构筑起产品的框架。

2. 形态模块

形态模块是产品外观形态的主要体现者，对构建终极产品整体外观形态起着重要作用，形态模块以产品功能模块为基础，两者相辅相成，不可分割，形态模块辅助产品的功能模块发挥功能作用。

3. 外观模块

产品外观模块对产品整体形象进行装饰和艺术化处理，是一类特殊的产品外观模块，通常以产品形态模块为基础，是构建产品人文要素的主要模块，产品的款式、风格、功能和整体形态等都可以通过外观模块设计体现出来，产品形态模块是产品设计语义的主要体现者。外观模块主要包括色彩、文字、图形、标识等要素，如图3-2-2和图3-2-3所示。

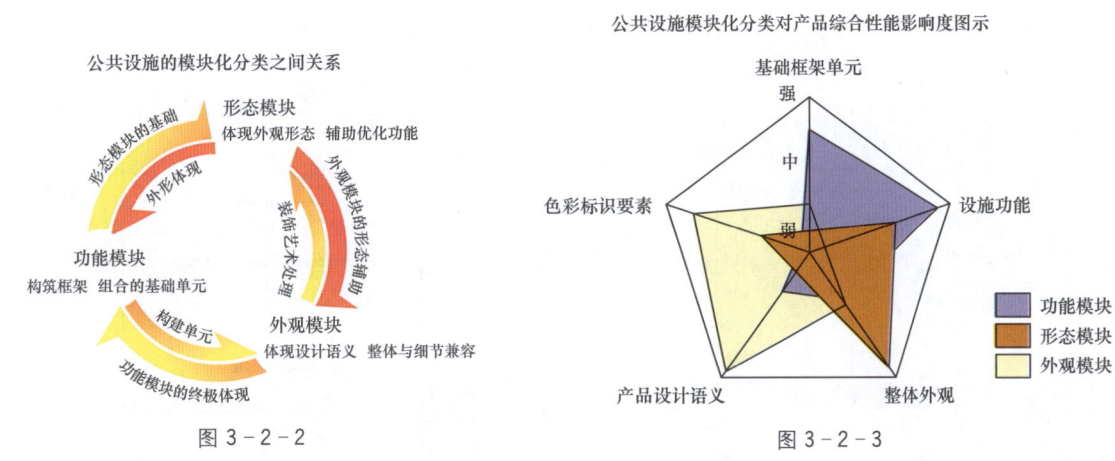

图3-2-2　　　　　　　　　　　　图3-2-3

3.2.4　公共设施的模块化设计方式

模块化设计思路、设计方式是指设计师在设计中，对产品的形态构建进行思考和比较，并按照产品形态构成规律将产品系统分解成若干基础模块，将产品模块化，这样既有利于产品整体效果的把握，也有利于简化设计工作程序，使一项复杂的设计工作变得有条不紊、有章可循。模块化设计需要设计者对所设计的产品有着深刻理解，明确模块的系统构成要素，确定设施的整体结构；确定模块之间共有接口，并且对产品系统进行功能分析、确定基础模块设计、模块之间的相互作用、组合关系及模块组合的最终结果。

3.2.5　模块化设计案例

1. 野外工作站（设计者：王博、葛岩　　指导教师：薛文凯）

野外工作站应用了模块化的设计理念。系统的标准化功能模块，该设计的单元元素为正方形，利用这一元素组合成正方体，每一个正方体就是一个单位空间，单元元素可自由变化各种材质或各种形式纹理，使之多样化。再利用它的功能和用途组合或拆分成系列的空间，通过模块的扩展达到功能上的扩展，充分改变了野外作业时工作、居住环境不便的现状。这个概念涉及工业设计、室内设计，甚至是建筑设计。首先设计对概念设计与目标群体进行分析，划分成几个功能区块，包括柜子、卫浴间、厨房、放置物品的架子、信息查询及休息聚会的空间等，将这些功能模块进行排列组合，确定最合理的几种形式。设计还分析了人们在工作站内部的流动情况，还有工作站内外的照明与空气调节等问题，野外工作站设计奉行的就是"模块化设计"的理念，其中的单元空间大部分是可拆装的，设计不仅有利于产品的回收和再利用，对环境保护具有重要的意义，同时也为追求个性的现代人提供了挖掘自我潜力的机会，如图3-2-4~图3-2-8所示。

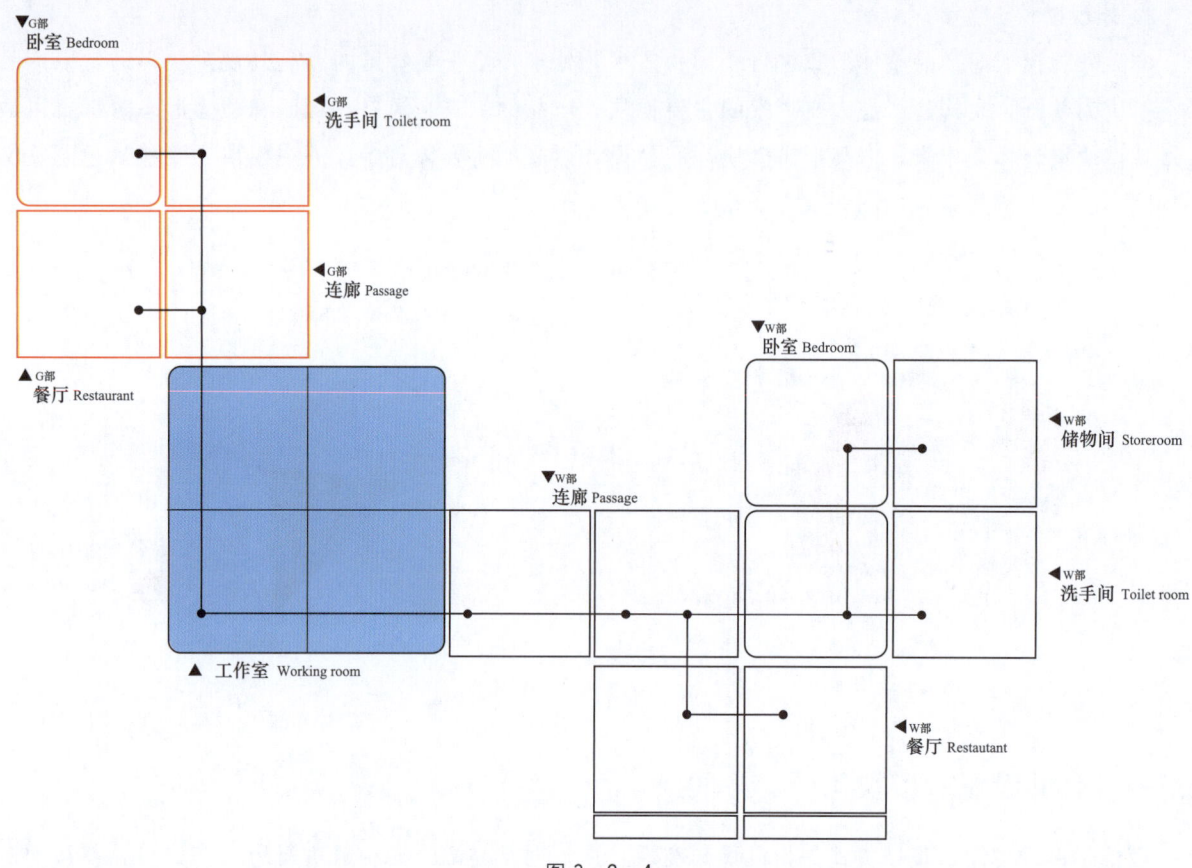

图 3-2-4

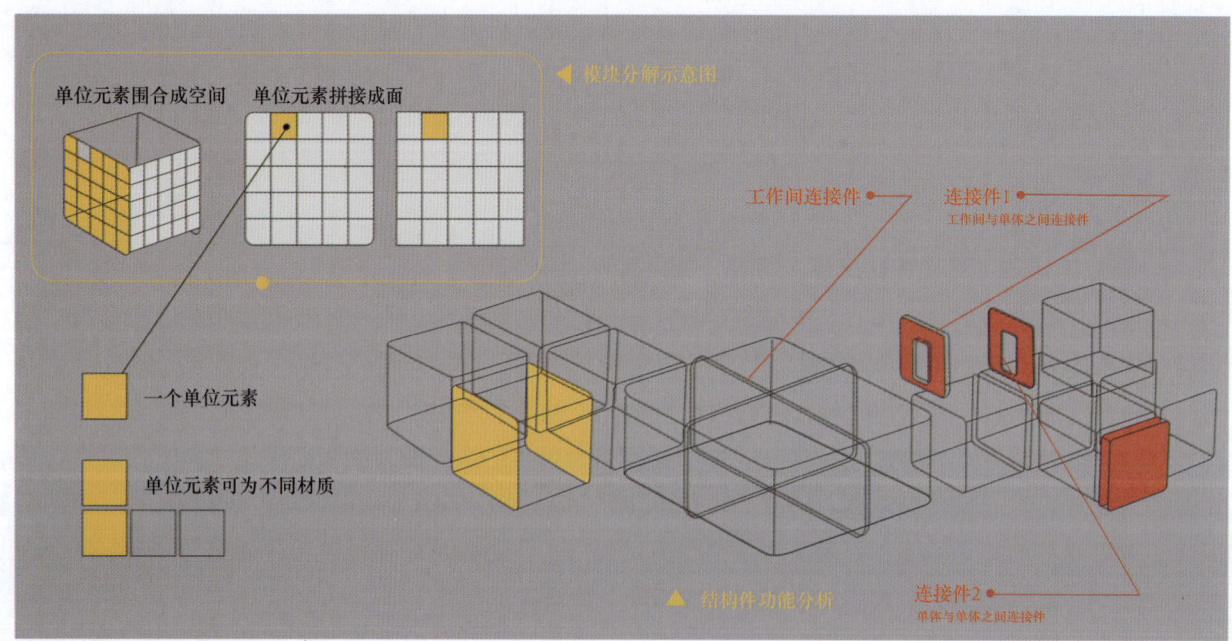

图 3-2-5

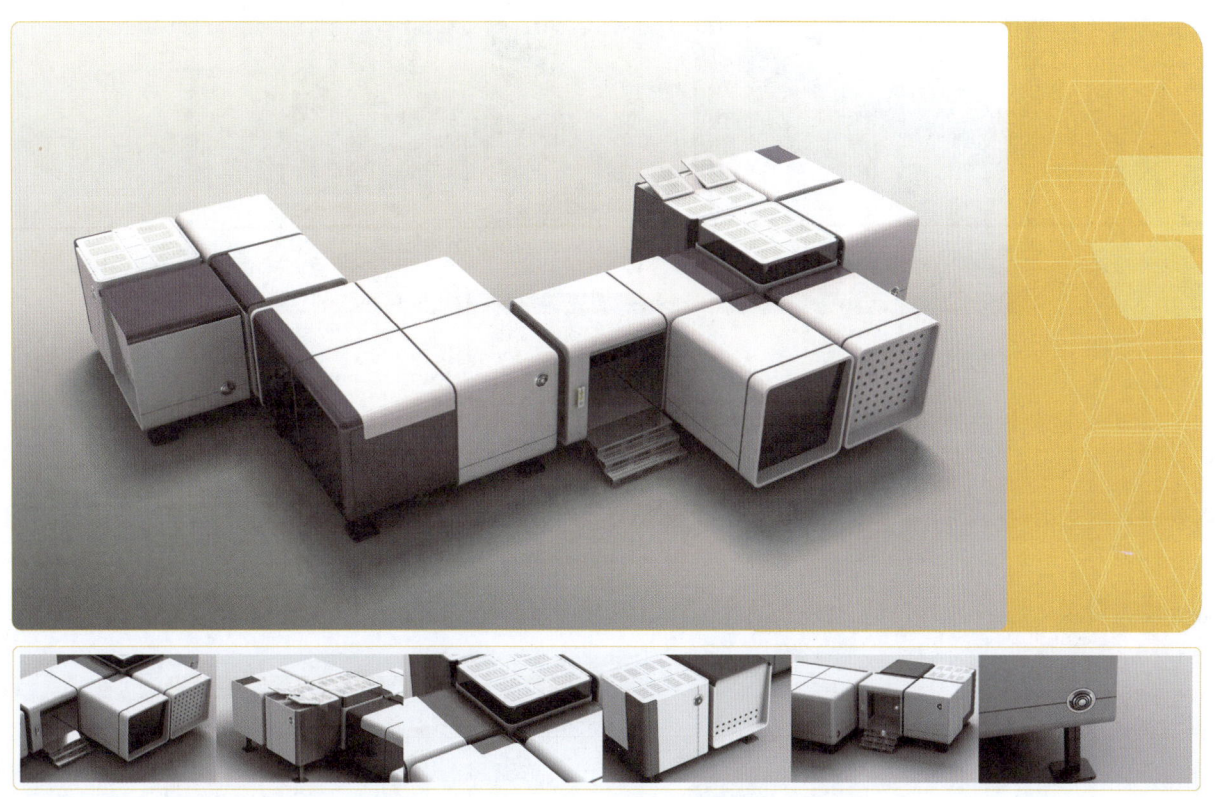

图 3-2-6

图 3-2-7

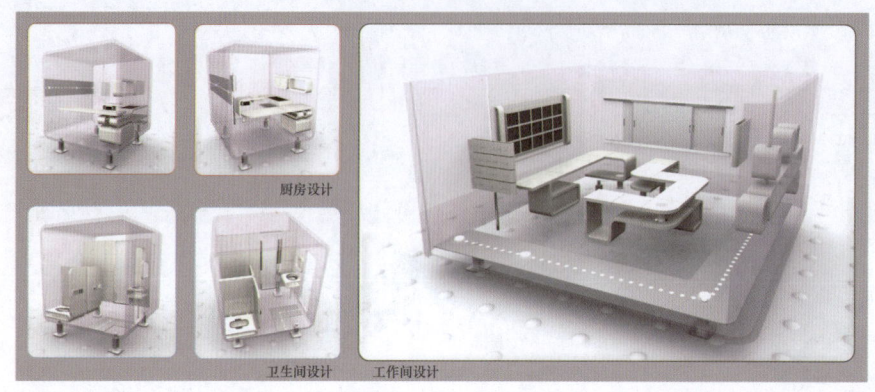

图 3-2-8

2. 野外应急设施设计（设计者：陈江波）

这个应急设施是"开放性"空间设计，没有预先确定的总体形态，而是让应用者根据不同的灾情、需要和环境自由变换。运用了模块化、标准化的设计，可以根据环境条件和灾难特征，可以被修改、重组和彻底改造。充分体现以人为本的理念，能够应对特定的自然或社会灾害，适应沙漠地域、寒冷地带和地震高发区，打造一个可以长期过渡的社区。如图 3-2-9～图 3-2-12 所示。

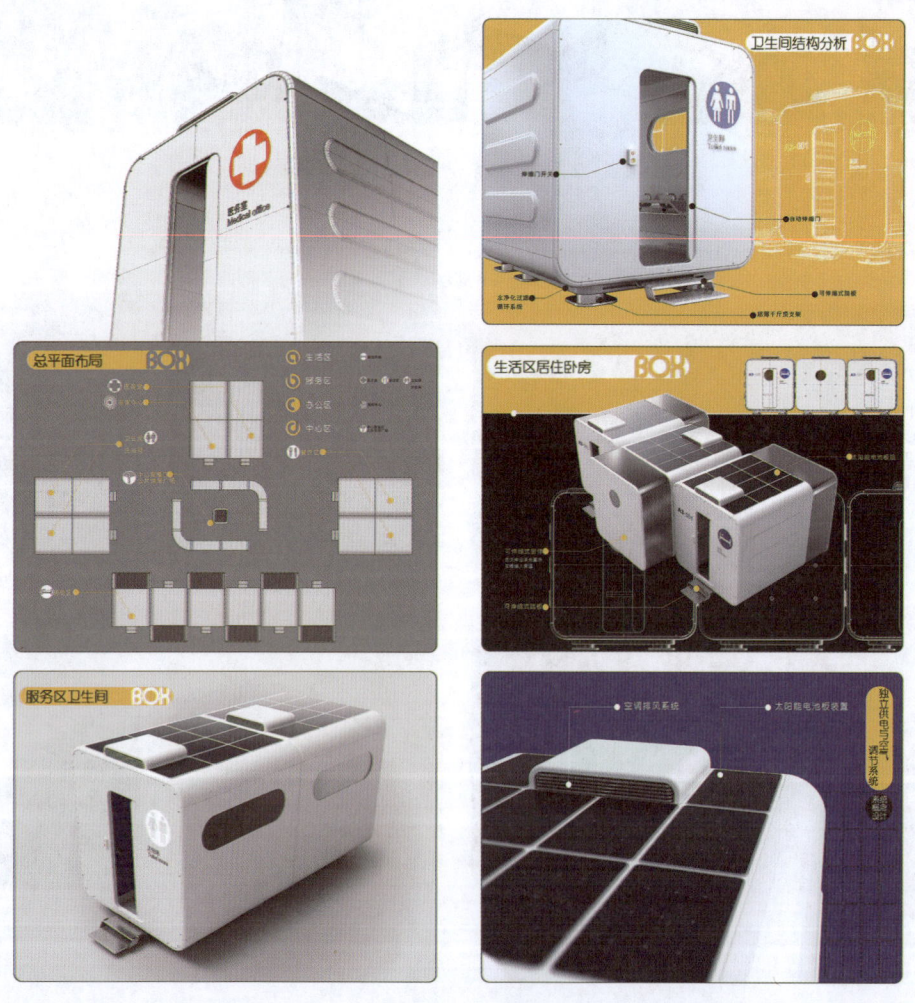

图 3-2-9

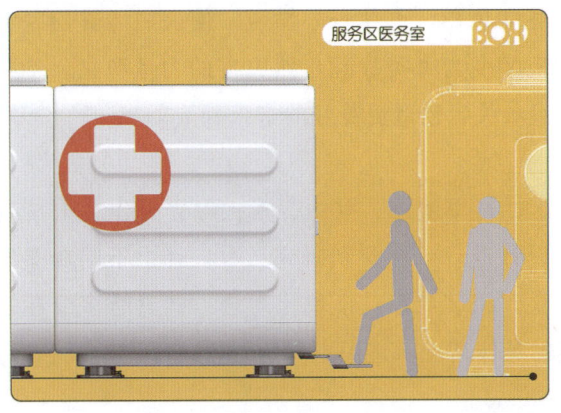 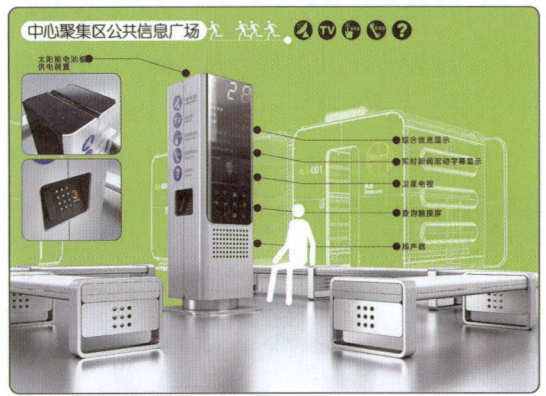

图 3-2-10

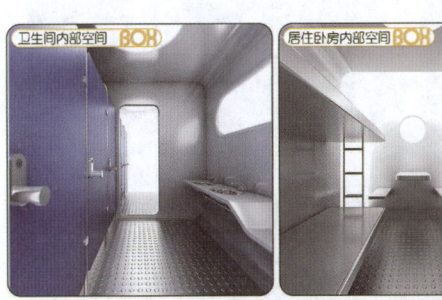 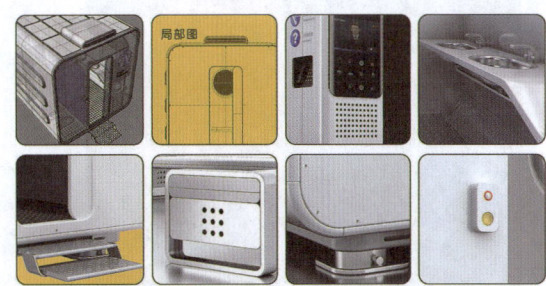

图 3-2-11

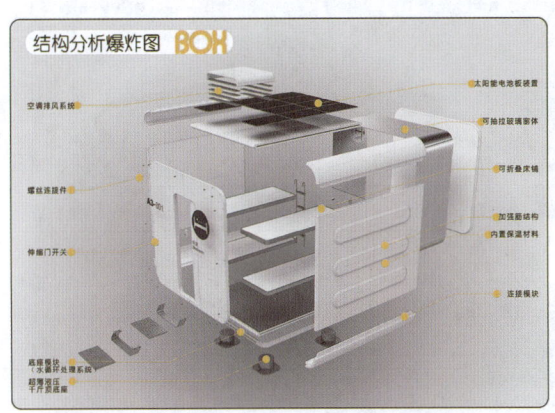 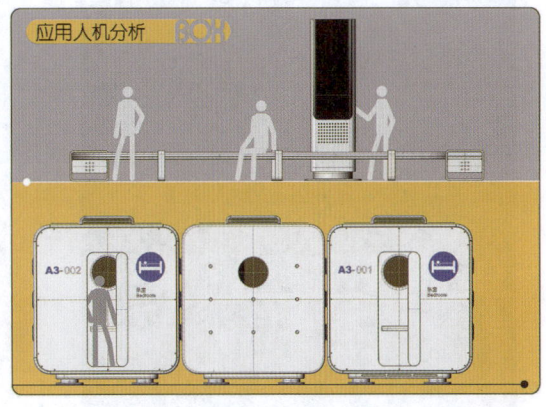

图 3-2-12

灾难后人们需要的不仅仅是住处，为了避免无助和孤独感，人们需要得到交流的机会。在这个中心区广场里人们相互间可以很方便地交流，让大家团结在一起共同面对灾害。同时，避难中对于人们最重要的就是信息的及时和透明，及时了解当前灾情和外界的信息，广场中间的信息柱巨型显示屏可以显示和查询大量的实时信息，满足人们的多种需要。

卫生间单元可以根据使用人群的数量进行扩充或缩减。底部还特别配有水净化过滤循环系统，以节约珍贵的水源。环保节能、运输便捷、搭建简易，体现了以人为本的人文关怀，从而为灾民创造幸福、温暖的环境，帮助他们跨越灾难与创伤。

每个居住单元能容纳 4 个人居住，完全可以满足一家人的住宿需要。这个盒子的一面可以像抽屉一样抽拉，白天打开时可增加室内采光，天冷时亦可蓄热，夜晚关闭可以保温。床铺和桌椅都是可以折叠的,以便获得较大活动空间。空间环境采用较明亮的色彩,可使身心愉悦,使人们能够摆脱灾难的阴影。提倡人们利用创造力和想象力,把最痛苦的现实变为人类战胜自然灾害的力量源泉。希望通过这个设计,可以汇集更多的关爱,使灾区的人们渡过难关,创造更美好的未来。

3. 模块空间—野外工作站设计(设计者:薛文凯)

为了让抗灾救护、地质勘探、科普考察、野外施工、行军演练、登山、考古等野外作业人员有更好的体验,设计者就野外工作空间的产品化、艺术化设计进行了探索和研究。本设计由不同功能的单元模块构成,使用者可根据需求、选择不同的功能模块,组装成品。模块化组合方式具有多变性的特点。可以根据使用人群数量的不同,和当地自然环境的具体情况,选用不同的材料或不同的组合形式,如图3-2-13~图3-2-15所示。

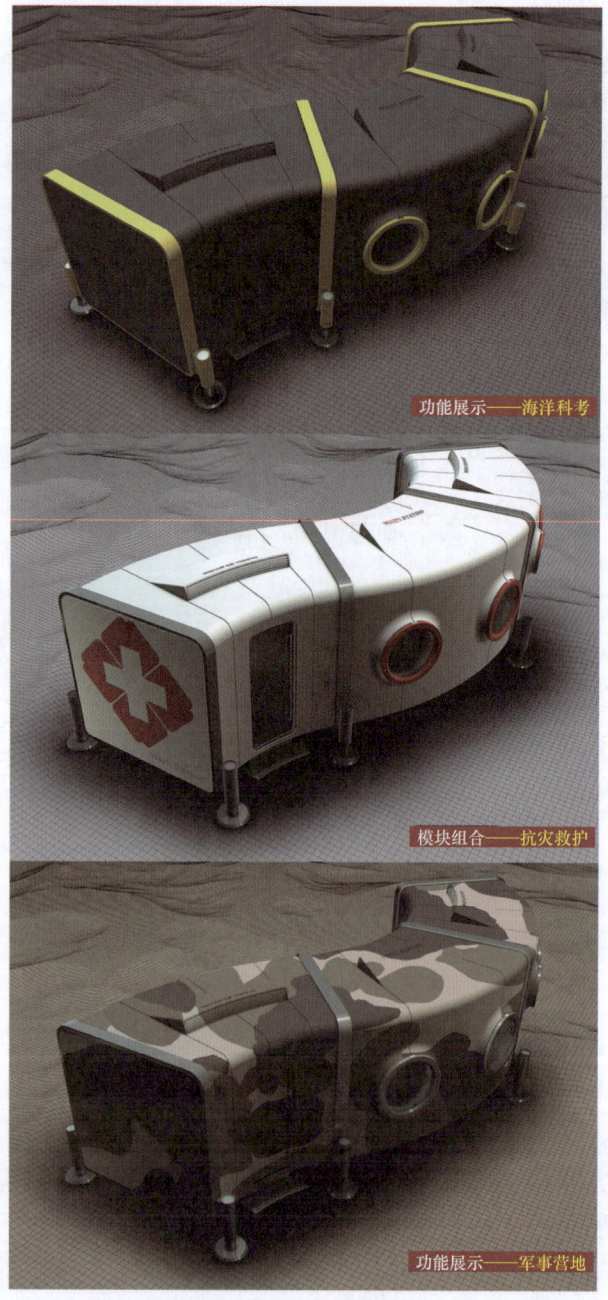

图3-2-13

图 3-2-14

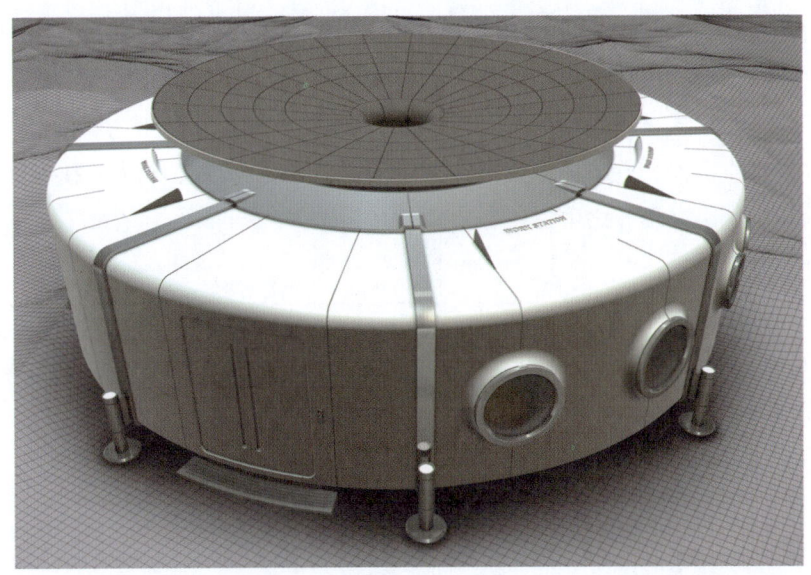

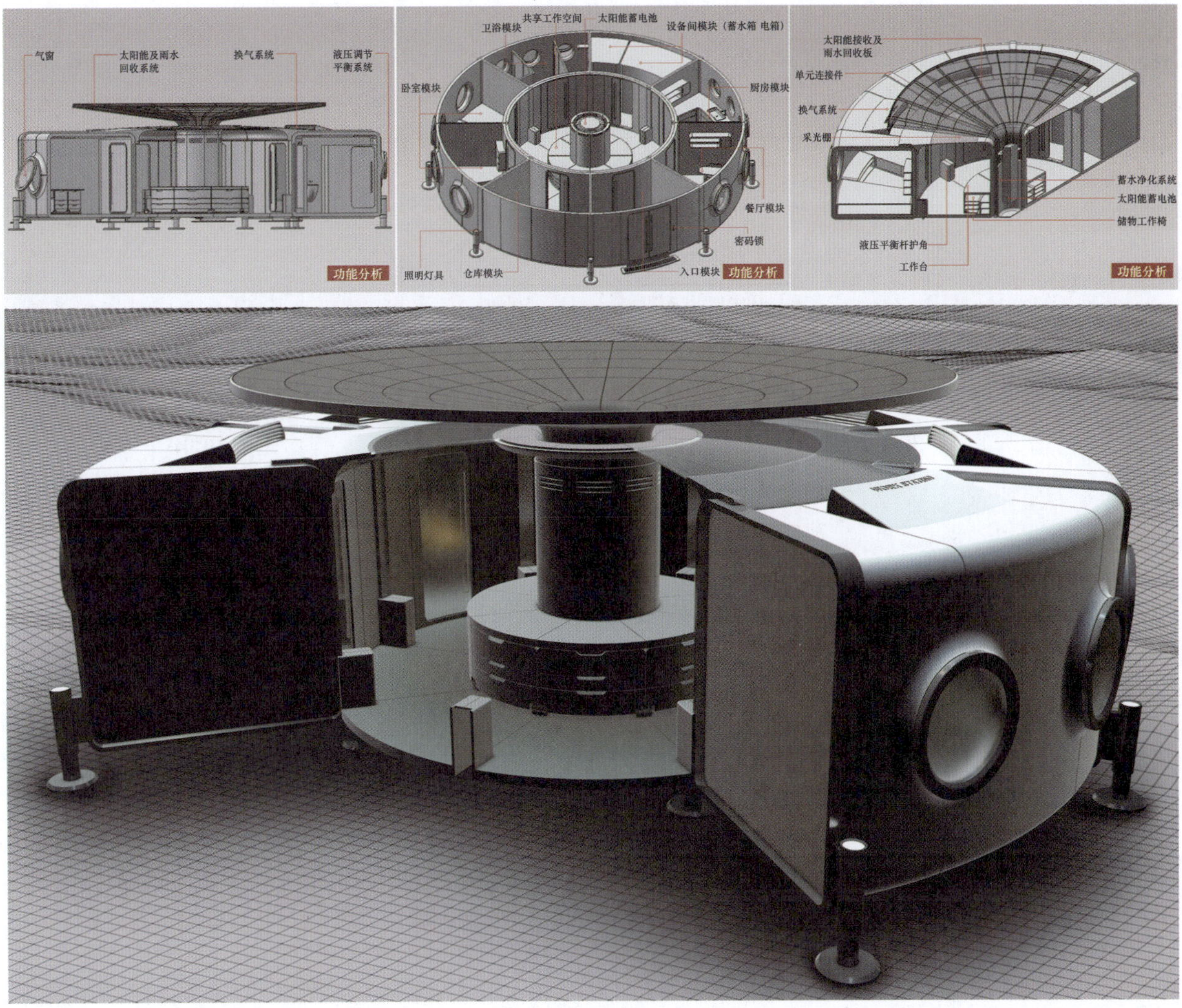
气窗
太阳能及雨水
回收系统
换气系统
液压调节
平衡系统
功能分析
卫浴模块
共享工作空间
太阳能蓄电池
设备间模块（蓄水箱 电箱）
卧室模块
厨房模块
餐厅模块
密码锁
照明灯具
仓库模块
入口模块
功能分析
太阳能接收及
雨水回收板
单元连接件
换气系统
采光棚
蓄水净化系统
太阳能蓄电池
储物工作椅
液压平衡杆护角
工作台
功能分析

图 3-2-15

模块化的应用使空间不再是一个面孔，一改往日单一不变的形象。模块化使空间的随机移动成为可能。使其更加灵活、更加实用，组成艺术化、产品化新空间。达到人机、环境的和谐共生。设计力图打破常规野外工作空间模式（帐篷、板房、车体等），将设计提升到一个全新的高度，以此为野外工作者创造一个良好的工作空间。方案还将太阳能技术、水资源的回收净化循环技术、GPS 全球卫星定位系统、生化技术，巧妙融入设计之中。

复习思考题

1. 什么是公共设施的产品化设计？
2. 如何理解公共设施的标准化与模块化设计？

第 4 章

公共设施的材料与工艺

　　材料与工艺是公共设施设计的物质条件，它与功能、形态构成了公共设施设计的基本要素。工艺是指材料的成型工艺、加工工艺和表面处理工艺，材料通过工艺设计成为具有一定形态结构、尺寸和审美特征的产品。产品的功能和造型是建立在材料和工艺基础上的，每种材料都有其自身的材料特性。公共设施的材料选择要注意其性能特点及工艺特点的一致性，只有这样才能完成设计的目的。

4.1　公共设施的材料运用

4.1.1　材料运用应考虑环保因素

　　随着工业的高度发展，人类赖以生存的环境也日益恶化，强调环保是当今世界的一个主题。作为设计师，在产品设计过程中应对材料运用进行控制，对环境不利的不可回收性材料，有毒材料等要杜绝使用。人类对自然资源的过量开采已导致地表的严重破坏，在材料运用的过程中，要尽量少地直接使用一些自然资源，而应多考虑一些高科技合成材料，这样既有利于规模化生产，又避免环境遭到人为破坏。

4.1.2　材料的运用要注意内外环境的区别

　　公共设施主要是处于外部的环境之中，设施选用的材料要经得起风吹、日晒、雨打等自然的侵蚀，甚至人为的破坏，最大限度地适应外界环境的特殊需要，如选择木材，就需要进行防腐、防潮、防火等技术处理。所以户外环境设施的材料选择要有的放矢，以便提高设施的耐久性并降低维修费用成本。

4.1.3　材料的运用要考虑到材料的特性

　　不同的材料有其自身的性能特征，这种特征体现于材料的材质美、结构美、物理美和色彩美。运用材料应尽可能地挖掘材料自身潜在的语言，例如材料的可塑性、工艺流程、表面质感等因素，只有这样才不至于使设计的方案受到材料的限制而不能成型。材料表面肌理对人们的视觉作用不同给人的感觉就不同，表面粗糙的材料体感强，适用于大型设施；表面细腻的材料给人的感觉比较精致，适用于小型设施和距人尺度亲近的位置。同时材料的运用还要考虑使用者的心理因素和生理因素，以及材料所处的整体环境的位置因素。随着科学技术的进步，仿天然的材料也在不断地出现，这种材料既有天然材料的视觉属性，又有优于天然材料的性能，为设计师提供了崭新的创作平台，如图4-1-1所示。

图 4-1-1

4.1.4 材料的运用要考虑材料成本

制造成本是否合理是一个设计作品能否最终变成一件工业产品比较关键的一步。公共设施虽然并非盈利性商品，但其制造成本也必须考虑如何巧妙地利用廉价材料做出好的设计作品，同时还应考虑日后的维修成本问题。

4.2 公共设施的常用材料及工艺详述

4.2.1 金属材料

金属材料是工业化社会最重要的特征之一，金属材料能够依照设计者的构思实现多种造型，是现代设计的一大主流材质。

1. 金属材料的特点

金属材料是金属及其合金的总称，其特点主要体现为以下几个方面。

（1）电与热的良好导体。

（2）具有良好的延展性。

（3）金属可以制成合金和金属化合物，以此来改变金属的性能。

(4) 表面具有金属特有的色彩和光泽。
(5) 除贵金属外，几乎所有金属都易于氧化而生锈，产生腐蚀。

2. 金属材料的成型加工

在公共设施中，金属材料基本的加工方法主要分为：铸造、塑性加工、切削加工、焊接加工和粉末冶金五大类，不同的制造方法与加工处理对金属材特性的影响很大，如图4-2-1～图4-2-4所示。

图4-2-1

图4-2-2

图4-2-3

图4-2-4

（1）铸造。铸造是将熔融状态的金属浇入铸型后，冷却凝固成为具有一定形状铸件的工艺方法。铸造成型的优点是生产成本低，工艺灵活性大，适应性强，适合生产不同材料、形状和重量的铸件，并且适合于批量生产；缺点是公差较大，容易产生内部缺陷。铸造又分为砂型铸造、熔模铸造、金属型铸造、压力铸造和离心铸造等。常用的铸造材料有铸铁、铸钢、铸铝及铸铜等。铸造装饰品具有典雅美感，常用于扶手、门饰及座椅等具有古典风格的公共设施设计中。

（2）塑性加工。塑性加工又称金属压力加工，指在外力作用下，使金属坯料发生塑性变形，从而获得具有一定形状、尺寸和机械性能的毛坯或零件的加工方法。产品可通过此方法直接制取、无需切削，金属损耗小。塑性加工适合专业化大规模生产，不宜于加工脆性材料或形状复杂的制品。金属塑性加工分为锻造、轧制、挤压、拔制和冲压加工。

（3）切削加工。切削加工又称为冷加工，利用切削刀具在切削机床上或手工将金属工件的多余加工量切去,以达成规定的形状、尺寸或表面质量的工艺过程。按加工方式分为车削、铣削、刨削、磨削、钻削、镗削及钳工等,是最常见的金属加工方法。

(4) 焊接加工。焊接加工是充分利用金属材料在高温作用下易熔化的特性,使金属与金属相互连接的一种工艺,是金属加工的一种辅助手段。常见的焊接方法有熔焊、压焊和钎焊。

(5) 粉末冶金。粉末冶金是以金属粉末或金属化合物粉末为原料,经混合、成型和烧结,获得所需形状和性能的材料或制品的工艺方法。粉末冶金法能生产用传统加工方法不能或难以制成的制品,特别适合生产特殊性能或高性能的特殊材料,如高熔点金属、高纯度金属、硬质合金、不互熔金属和多孔性金属等,是一种"节能、省材、高效生产"的新技术,也是现代冶金工业的重要生产方法。

3. 金属材料的分类

金属材料种类繁多,按构成元素分为黑色金属和有色金属。

(1) 黑色金属。黑色金属包括铁和以铁为基体的合金,如纯铁、铸铁、合金钢、高碳钢和铁合金等。黑色金属资源丰富、生产成本低、加工方便、硬度高,在工业设计中应用最为广泛。

(2) 有色金属。有色金属包括铁以外的金属及其合金。有色金属硬度低弹性大,在设计时常需加入特殊的形式以增强其结构能力,如多重褶皱的处理手法。不锈钢是最常用的设施材料,具有独特的强度、较高的耐磨性、优越的防腐性能及不易生锈等优良的特性。亚光和高光的纹理质感,具有精密、高科技感,在公共设施设计中常用于构件、细部的设计中,起到画龙点睛的作用(但大面积的运用要慎重)。常用不锈钢表面处理方法包括:①表面本色白化处理;②表面镜面光亮处理;③表面着色处理,如图4-2-5~图4-2-7所示。

图4-2-5

图 4-2-6

图 4-2-7

4.2.2 天然石材

天然石材按地质分类法，岩石可分为变质岩、岩浆岩和沉积岩三种。变质岩中最有代表性的是大理石，大理石有质地组织细密、坚实、花纹多样，色泽美观、抗压性强、吸水率小、耐磨、不变形及可磨光等优点。但大理石板材硬度低，不耐风化，所以一般多在室内使用。岩浆岩中最有代表性的是花岗岩，包括各种花岗岩、拉长岩、辉长岩、正长岩、闪长岩及玄武岩等，特点是质地坚硬、构造致密、耐磨、耐酸碱、耐腐蚀、耐高温、耐暴晒、耐冰冻，可磨平、机刨、抛光，花岗岩一般多在室外使用。天然石材与金属构件结合使用，可产生很好的功能和效果，如图 4-2-8 和图 4-2-9 所示。

图 4-2-8

图 4-2-9

4.2.3 人造石

人造石，是人造大理石和人造花岗岩的总称，属水泥混凝土或聚酯混凝土的范畴。人造石花纹图案可以人为控制，个性感十足，且重量轻、强度高、耐腐蚀、耐污染、施工方便。人造石材是以天然石材为基本原料，经一定的加工程序制成的，是天然石材的再利用。人造石材兼备大理石的天然质感、坚固质地，易加工性，是新一代的高科技产品，人造石材大面积铺贴无需对色，可根据需求，调制出丰富的色彩和花纹，在公共设施设计中被广泛使用。

1. 人造石材的特点

（1）无放射性、阻燃性，使用安全。

（2）极具可塑性，可以做出任何造型。

（3）抗污力强，抗菌防霉，易清洁，不易被染色。

（4）耐磨、耐冲击，可重复翻新。

（5）制造简便、生产周期短、成本低。

2. 人造石材的分类及加工工艺

按照人造石材生产所用原料，可分为以下3类。

（1）树脂型人造石材。

树脂型人造石材是以不饱和聚酯树脂为胶黏剂，与天然大理碎石、英砂、方解石、石粉等按一定的比例配合，再加入催化剂、固化剂、颜料等外加剂，经混合搅拌、固化成型、脱模烘干、表面抛光等工序加工而成。成型方法有振动成型、压缩成型和挤压成型。不饱和聚酯类的石材光泽好、易于成型、颜色浅，容易配制成各种明亮的色彩与花纹；固化快，常温下可进行操作，是目前使用最广泛的石材。室内装饰工程中采用的人造石材主要就是该类。

（2）复合型人造石材。

复合型人造石材制作工艺是：先用水泥、石粉等制成水泥砂浆的坯体，再将坯体浸于有机单体中，使其在一定条件下聚合而成。复合型人造石材制品的造价较低，但它受温差影响后，聚酯面易剥落或开裂。

（3）水泥型人造石材。

水泥型人造石材是以各种水泥为胶结材料，砂、天然碎石粒为细骨料，经配制、搅拌、加压、蒸养、磨光和抛光后制成的人造石材，常用种类有水磨石和各类花阶砖。配制过程中混入色料可制成彩色水泥石。水泥型人造石材的生产取材方便，价格低廉，但其装饰性较差。

4.2.4 玻璃

玻璃的种类很多，按其化学成分可分为钢钙玻璃、铝镁玻璃、硼硅玻璃、钾玻璃、铅玻璃和石英玻璃等。按特点分可分为平板玻璃、压花玻璃、夹丝玻璃、夹层玻璃、钢化玻璃、中空玻璃、热反射玻璃、吸热玻璃、光致色玻璃和涂膜玻璃等。玻璃是一种重要的装饰材料，它的用途除透光、透视、隔音、隔热外，还有吸热、保温、防辐射、防爆等特殊用途。玻璃是极富灵性的现代建筑装饰材料，它很容易融入各种环境之中，达到与环境的协调，如图4-2-10～图4-2-14所示。玻璃表面可以采用喷砂、雕刻、酸蚀等工艺手段来处理，具有很好的艺术效果，充

图4-2-10

满了艺术灵性。现代玻璃的开发种类很多,形态已从单一的平板玻璃、镜面玻璃,发展到异形玻璃、曲板玻璃等种类。玻璃的利用面很广,最常用于电话亭、候车亭、休息厅、导视牌、扶手等公共设施。玻璃的成型,是将熔融的玻璃液加工成具有一定形状和尺寸的玻璃制品的工艺过程。

图 4-2-11

图 4-2-12

图 4-2-13

图 4-2-14

常见的成型加工方法有:压制成型、吹制成型、拉制成型和压延成型。

(1)压制成型。压制成型是在模具中加入玻璃熔料加压成形,多用于玻璃盘碟、玻璃砖等的制作。

(2)吹制成型。吹制成型是先将玻璃粘料压制成雏形型块,再将压缩气体吹入处于热熔态的玻璃型块中,使之吹胀成为中空制品,用来制造器皿、灯泡等。吹制成型可分为机械吹制成型和人工吹制成型。

(3)拉制成型。拉制成型是利用机械拉引力将玻璃熔体制成制品,主要用来生产平板玻璃、玻璃管、玻璃纤维等,拉制成型分为垂直拉制和水平拉制。

(4)压延成型。压延成型是将玻璃熔体压成板状制品,主要用来生产压花玻璃、夹丝玻璃等。

玻璃种类繁多,常用的品种包括以下几种。

(1)平板玻璃。平板玻璃是板状玻璃的统称,具有透光、透视、隔热、隔声、耐磨等特性,包括彩色玻璃、镀膜玻璃、钢化玻璃、夹层玻璃等。特殊制品就是通过对平板玻璃进行着色、表面处理、强化、复合等方法制成的。

(2) 器皿玻璃。器皿是一种用于制造日用器皿、艺术品和装饰品的玻璃。这种玻璃具有很好的透明度，表面洁净有光泽，有较好的热抗震性、化学稳定性和机械强度。

(3) 泡沫玻璃。泡沫玻璃又称多孔玻璃，是一种由均匀气孔组成的玻璃。气孔封闭的泡沫玻璃机械强度高、不透气、不燃、导热系数小、不变形，经久耐用，可进行锯、钻、钉等加工，是一种良好的保温绝热材料。气孔相连或部分相连的泡沫玻璃具有较大的吸音系数，多作为吸音材料。泡沫玻璃还可制成各种不同颜色，且永不褪色，是良好的装饰材料。

4.2.5 复合材料

复合材料，是把一种材料用人工方法，均匀的分散在另一种材料中，以克服单一材料的某些弱点，发挥综合性能特征。复合材料一般是由高强度、高模量和脆性很大的增强剂与强度低、韧性好、低模量的基体组成的。常用玻璃纤维、石灰纤维、硼纤维等作增强剂，用塑料、树脂、橡胶、金属等作基体，组成各种复合材料。例如玻璃增强树脂（即玻璃钢）就是很好的设施材料，如图4-2-15、图4-2-16所示。

图4-2-15

图4-2-16

4.2.6 塑料

塑料，具有优良的物理、化学和机械性能，强度高，常温及低温均无脆性，便于运输和组装。塑料品种繁多、性能优良、加工成型方便、成本低廉，已广泛应用于工业的各个部门，它与金属、木材具有同等重要的地位，如图4-2-17～图4-2-19所示。

1. 塑料的特点

(1) 质轻，强度高。

(2) 多数塑料制品有透明性，便于着色，且不易变色。

(3) 具有优异的电绝缘性，可被用作产品或建筑物的绝热保温材料。

图4-2-17

图 4-2-18

图 4-2-19

（4）优良的耐磨、自润滑性、耐腐蚀性。

（5）成型加工方便，便于大批量生产。

（6）不耐高温，高温容易变形，易老化。

2. 塑料的成型加工

塑料的成型加工方法很多，每种方法的选择取决于塑料的类型、特性、起始状态以及制成品的结构、尺寸和形状等。根据加工时塑料所处状态的不同，塑料成型加工的方法大致可分为以下三种。

（1）处于玻璃态的塑料，可以采用车、铣、钻、刨等机械加工方法和电镀、喷涂等表面处理方法。

（2）当塑料处于高弹态时，可以采用热压、弯曲、真空成型等加工方法。

（3）把塑料加热到粘流态，可以进行注射成型、挤出成型、吹塑成型等加工方法。

3. 塑料的分类

塑料种类繁多，按热行为可分为热塑性塑料和热固性塑料。

（1）热塑性塑料。热塑性塑料加热时材料软化，由固态转化为液态，冷却后不回复固态，目前塑料材料使用最多的一种。其柔软富弹性，可塑性极佳，但强度和硬度较差。如：氯乙烯（PVC）、聚乙烯（PE）、聚苯乙烯（PS）、聚丙烯（PP）、尼龙（PA）都是常用的热塑性塑料。

（2）热固性塑料。此类塑料原料一旦加热发生变化后，就具有硬度，冷却后即使再加热也无法软化，因此其无法回收再利用，但优点为耐高温、耐化学药品侵蚀、绝缘性良好、形态固定，具有较高的强度和硬度。因为成型上的限制较多，所以造型发展亦相对减少。电木（Bakelite）、尿素树脂（Urearesins）、环氧树脂（Epoxy Resins）等均属热固性塑料。

4.2.7 混凝土

混凝土，是由砂子、碎石子为骨料与水泥和水混合搅拌而成的一种现代建筑材料。20世纪初钢筋混凝土的出现，为建筑界带来了一场变革，柯布西埃利用混凝土在未干时的可塑性，把它作为一种功能之外的审美表现形式来运用，产生了自然粗犷之美，派生出"粗野主义"的装饰风格。如图 4-2-20 所示。混凝土必须同其他材料结合使用，才能设计出很好的公共设施。利用混凝土可塑性，制作出不同纹理的模板，就可制作出不同效果的设施。混凝土主要特点如下。

（1）和易性。混凝土拌合物最重要的性能。它综合表示拌合物的稠度、流动性、可塑性、抗分层

图 4-2-20

离析泌水的性能及易抹面性等。

（2）强度。混凝土硬化后的最重要的力学性能，是指混凝土抵抗压、拉、弯、剪等应力的能力。水灰比、水泥品种和用量、集料的品种和用量以及搅拌、成型、养护，都直接影响混凝土的强度。提高混凝土抗拉、抗压强度的比值是混凝土改性的重要方面。

（3）变形。混凝土在荷载或温湿度作用下会产生变形，主要包括弹性变形、塑性变形、收缩和温度变形等。

（4）耐久性。抗渗性、抗冻性、抗侵蚀性为混凝土耐久性。在一般情况下，混凝土具有良好的耐久性。但在寒冷地区，特别是在水位变化的工程部位以及在饱水状态下受到频繁的冻融交替作用时，混凝土易于损坏。

彩色混凝土艺术压印技术，是对传统混凝土表面进行彩色装饰和艺术处理的新型材料和新型工艺。它是在铺设现浇混凝土的同时，使混凝土的表面被赋予纹理和颜色，创造出天然大理石、花岗岩、砖块、木地板等的视觉效果，并使其表面强度增加，具有图形美观自然、色彩真实持久、质地坚固耐用等特点，如图 4-2-21、图 4-2-22 所示。

图 4-2-21

图 4-2-22

4.2.8 木材

木材作为一种天然材料，分布极其广泛，使用最为普遍。木材给人以亲切感，被认为最有舒适性特征的材料。

1. 木材的特点

（1）木材质轻坚韧而富有弹性，具有天然的纹理和色泽。

(2) 在一定环境下,木材能够吸收或放出湿气,因此对环境的湿度有调节作用。

(3) 材的结构疏松多孔,能够很好地吸音隔声。

(4) 可塑性很强,易于加工成型。

(5) 导热、导电性差,是良好的绝缘体,但是容易燃烧。

(6) 由于木材的干湿变化,容易造成扭曲、开裂等变形。

2. 木材的成型加工

木材基本的加工方法有：锯割、刨削、凿削、铣削等；木材常用的结合方式有：榫结合、胶结合、螺钉与圆钉结合、板材拼接、连接件结合及混合结合等。

(1) 榫结合。榫结合是应用最广泛的结合方式,优点是结构简单外露,便于检查。

(2) 胶结合。胶结合也是一种常用的结合方式,主要用于实木板的拼接及榫头和榫孔的接合,优点是不影响产品的外观、制作简便、结构牢固。

(3) 螺钉与圆钉结合。螺钉与圆钉的结合强度取决于木材的硬度和钉的长度,与木材的纹理也有关系。木材越硬,钉直径越大,长度越长,沿横纹结合,强度越大,反之则强度越小。

3. 木材的分类

(1) 原木。原木是指树干经过去枝去皮锯断处理后形成的一定长度规格的木材。其经常用作电柱、桩木、建筑所用的木材等。

(2) 人造板材。人造板材是利用原木、刨花、木屑、废材及其他植物纤维为原料制作而成。它们质地均匀、平整光滑、易于加工、不易变形。常见的人造板材有胶合板、刨花板、纤维板、细木工板及各种轻质板等,广泛应用于家具、建筑等方面。

公共户外设施所用木材要做防腐、防潮、阻燃处理。木材最常用于与人接触密切之处,如座椅、拉手、扶手、儿童设施等。木材及饰面板的种类繁多、色彩多样,还可根据不同需要染色处理,如图4-2-23、图4-2-24所示。

图 4-2-23

图 4-2-24

4.2.9 碳纤维 Carbon Fibre (CF)

碳纤维是由有机纤维经碳化及石墨化处理而得到的微晶石墨材料。碳纤维是一种力学性能优异的新材料。碳纤维树脂复合材料的比重不到钢的1/4,抗拉强度却是钢的7～9倍,抗拉弹性亦高于钢,耐腐蚀性强,耐疲劳性好。但它的耐冲击性较差,容易损伤,强酸下易氧化。我国碳纤维复合材料的研制开始于20世纪70年代中期，经过近40年的发展，已取得了长足进展，主要用途包括体育器材、一般工业和航空航天等领域，其中体育休闲用品的使用量最大，碳纤维可加工成织物、毡、席、带、纸及其他材料。传统使用中碳纤维除用作绝热保温材料外，一般不单独使用，多作为增强材料加入到树脂、金属、陶瓷、混凝土等材料中，构成复合材料。公共设施主要应用领域为：体育休闲设施、交通工具等。

4.2.10　木塑复合材料 Wood-Plastic Composites（WPC）

优点：聚乙烯或聚丙烯和植物纤维合成的高密材料，可加工性强、强度高、表面硬度好、耐水、抗强酸、耐腐蚀、使用寿命长、着色性好、绿色环保可回收，具有优良的可调整性（通过助剂改变其特性）原料来源广泛、成本低。成型方法：挤压，模压，注射成型。

分类：通用型和专业性（无特殊助剂和参加特殊助剂以达到材料抗老化、防静电、阻燃等特殊性能）公共设施主要应用领域为：休闲设施、墙地面、吊顶等。

4.2.11　生物塑胶 Polylactiee Acid（PLA）

优点：它是从植物原料中提取出来的塑胶，生产过程环保（二氧化碳排放量小），在土壤中可分解，可调整性强，可与纤维等强化材合成，并可加入无机材料阻燃。

缺点：耐热性较差，机械强度低。

分类：聚乳酸（玉米等谷物为原料发酵-聚合）

成型方法：真空成型，射出成型，吹瓶，薄膜。

使用现状：儿童游乐设施的地面处理，如图4-2-25、图4-2-26所示。

图4-2-25

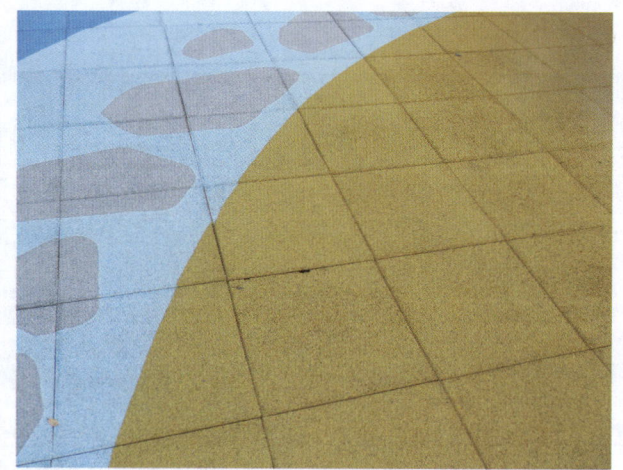
图4-2-26

4.2.12　抗菌材料

抑制细菌及其他微生物生长，抗生物侵蚀性能好，合成及可调性能高。缺点：生产成本高，要求技术高，由银离子及沸石合成。成型方法：喷涂表面。使用现状：用于公共设施同人接触较密切的表面上如门拉手等。

公共设施设计材料运用相比过去，在环保和使用性能等方面都有很大的进步，材料发展已经借由科技的高速发展面向理性、可持续、绿色环保等良性方面迈进，与之同步新材料的发展趋势也呈现出一些规律态势。

（1）由单一材料向复合材料发展。单一的材料例如木材、金属等常用材料由于性能单一，成型方法局限性大，逐步完善发展为木塑复合材料，抗菌复合等多种形式。

（2）由不可再生向可再生材料发展。随着人类对自然认识的加深，减少不可再生资源的开发使用，转向可再生资源的循环开发已提上日程。新生的材料例如生物塑胶，生产原料从植物中提取，在土壤中又可降解，真正符合了自然的良性循环。

（3）由生物材料向非生物材料发展。材料的生产从低科技附加值高损耗的有机生物材料，逐步转化为高科技附加值低损耗的无机非生物材料转化发展。通过对以往常用材料以及自然材料的深入研究及加工，使新型材料在具有生物材料原有的有利性能的同时又具备多种非生物材料的优良特性。

（4）科技应用逐步提升，材料性能细化发展。高科技的研发力量促使新技术在材料加工中大量应用，由此新材料的生产开发有了深厚的科技基础，品种也从单一逐步转向多元化。

（5）新材料的各种性能较常用材料有了很大的加强。新材料在防潮、抗菌、强度、韧性、降解等方面都有不同程度提高。

公共设施的材料使用，已经突破了原有常用材料在性能上的束缚和影响，新科技和新能源的开发研究使新材料的开发成了可能，特殊材料性能的最大限度潜力挖掘成为可能，材料限定的解除，使公共设施设计有了更大的发挥空间，感性设计的附加值得到最大提升。

作为公共设施设计者，材料的运用无疑是设计中的一项重要环节，所选择的材料是设计师表达设计理念的重要途径之一，所以必须具备丰富的材料知识和加工工艺知识。但同时，在今天以及未来的材料运用中，我们也应该尊重自然、让设计在不破坏自然环境的基础下存在，设计人性化的公共设施。

复习思考题

1. 公共设施的适用材料特点有哪些？请举出五种常用的设施材料。
2. 举例说明三种常用设施材料性能特点及工艺处理手段。

第 5 章
Chapter 5

公共设施的色彩运用

公共设施设计有其特殊性，所以在设施的色彩设计上我们应该从以下几个方面加以考虑。

5.1　环境要素

1. 室内环境

室内环境是由墙体、地面、顶棚等界面围合成的空间环境。墙体、地面、顶棚构成了室内硬件环境；室内陈设如家具、织物、装饰品、灯具等构成室内软件环境。无论是硬件环境还是软件环境的设计都离不开光线、形态、材质、色彩等基本的物质要素。

2. 室外环境

室外环境是人与自然、人与人、人与社会接触最为密切的地方，构成要素是非常复杂的，其中包括自然环境，人文环境与社会环境。因此，室外环境设计考虑的因素，是要注意其动态的多变性与复杂性。

3. 前景色与背景色

就室内设计来讲，一般情况下组成空间的墙体、顶棚、地面，形成环境的背景色，而家具、灯具、挂画、装饰品、绿植等为前景色。室外环境的前景色与背景色要依环境的区域而定。相比较而存在，就城市而言，建筑、道路、草坪等绿植为背景色，公共设施、车辆、人流构成前景色；就住宅小区而言建筑楼体与草坪绿植可以构成背景色，而环境设施等构成前景色，前景色与背景色一起组成环境色彩。背景色面积大，色彩一般要沉稳些，前景色面积小，色彩可以鲜亮些，以便活跃环境气氛。有时前景色与背景色可以相互渗透、穿插形成环境的整体色彩。室外公共设施的色彩设计首先要融入大的环境中去考虑，如图 5-1-1～图 5-1-3 所示。

图 5-1-1

第5章 公共设施的色彩运用

图 5-1-2

图 5-1-3

如图 5-1-4～图 5-1-9 是一个兼具东西方园林特色的现代空间景观，通过带有壁画、镜面的墙体组合和水面、曲折的过廊构成一个富有动感的空间环境。墙体镜面与镜面—镜面与水面—镜面、水面与壁画—镜面、水面与实景环境的相互反射和作用，构成了一个丰富多变、虚实相生的环境景观。行走在其中，步移景异，景移情动，虚实相生使人产生一种幻觉的新奇意境，耐人寻味，不忍离去。这个景观式的环境设施并不完全是工业化的产品，有一部分是现场施工的。这种设施体积大，占地广，对环境影响大，设计时就需在色彩上慎重地考虑。用色不要太纯，要质朴、自然。墙面和壁面上，绿植与鲜花少许鲜亮的色彩打破了设施色彩单一的格局，将设施置于绿色坡地的环境之中，达到了与自然环境的完美协调与统一，如图 5-1-4～图 5-1-9 所示。

图 5-1-4

图 5-1-5

图 5-1-6

图 5-1-7

图 5-1-8

图 5-1-9

如图 5-1-10～图 5-1-19 所示，是一个以影视媒介等高科技手段展示未来发展的大型主题公园。建筑依山形、地势而建，空间划分流畅，起伏有序，动静区域的功能划分明确，众多形态怪异的建筑构成了层次丰富的景观，使游人油然产生进入未来世界之感。园内的绿色构成主体的背景色，色彩规划与设计大胆，视觉冲击力强，高纯度的设施色彩调节了大的环境气氛，色彩穿插运用达到了完美的艺术境界。

图 5-1-10

图 5-1-11

图 5-1-12

图 5-1-13

图 5-1-14

图 5-1-15

图 5-1-16

图 5-1-17

图 5-1-18

图 5-1-19

5.2 企业的经营理念与产品的经营战略

公共设施是一个庞大的系统工程，因为其种类繁杂，功能、适用场所及所处环境各不相同，生产的厂家各异且分属不同的管理部门，所以在色彩设计时要依据其设计理念与适用场所加以区分。色彩设计是企业形象设计的一个重要的组成部分，体现着企业的经营理念与文化，每个正规的大企业都有其统一标准的体现其企业形象的色彩设计规范，如麦当劳以黄色及红色为主导；柯达公司的黄色，充分表现色彩的饱满、辉煌的特质。因此，公共设施的色彩设计必须纳入到企业文化与产品经营战略的框架内来考虑，如图5-2-1～图5-2-3所示。

图5-2-1

图5-2-2

图5-2-3

5.3　公共设施的使用功能与心理定位

公共设施的使用功能决定了设施的色彩设计，所以不同设施色彩的设计与处理必然要有所区别，例如电话亭、果皮箱、自助提款机、休闲设施等设计就应有所区别。

人们对不同的色彩会产生不同的心理反应，所以设施设计要明确设计对象，也就是主体的使用人群，以此满足人们的物质需求与心理感受，满足人们的视觉审美需求，激起人们的使用欲望。不同的民族、年龄、性别、性格的人对设施色彩的喜好不尽相同，尽管设施的色彩设计不能满足所有人的喜好，但色彩设计上要有从众性，也就是遵从多数人的喜好，如图 5-3-1 和图 5-3-2 所示。

图 5-3-1

图 5-3-2

5.4 色彩设计的辨识性

公共设施主要是解决公共环境中如何满足人的生活需求，提高人的生活质量和生活效率，解决人、产品、环境之间的关系问题。因此，在公共场合中，公共设施设计一定要具有易辨识、易发现的特点，方便人们的使用。从视觉心理学的角度来讲，人的信息获取主要是依靠视觉来完成的，色彩是视觉识别的第一要素，所以作为常规的公共设施，如：导视牌、电话亭、儿童游乐设施、观赏设施、果皮箱、自动售货机等，在色彩的设计上就要注意，可以用一些醒目的、纯度略高的、使人易识别的色彩。不同功能的设施，要以色彩来加以区别，如图 5-4-1～图 5-4-5 所示。

图 5-4-1

图 5-4-2

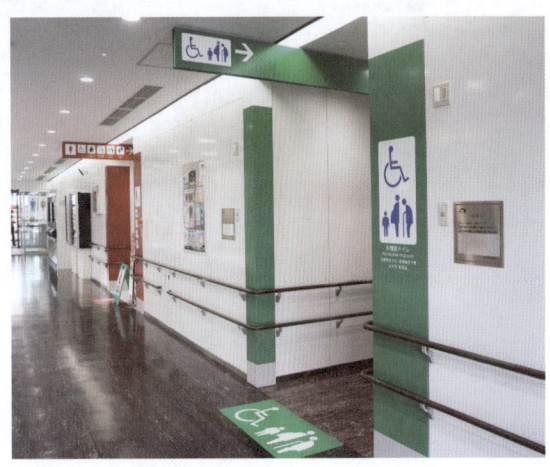
图 5-4-3

图 5-4-4

图 5-4-5

5.5 系统设计的统一性

现代公共设施设计已不单是孤立单一的产品设计，它已越来越多地融入环境的整体设计之中，越来越重视设施设计的规划组合方式和色彩艺术设计的景观化处理。每一种类型的设施设计也不仅仅局限于常规的概念化的色彩设计，而是可以形成一个色彩系列，例如同一造型的休息座椅设计在色彩上可以有所变化，这样就能考虑不同环境，设置不同的色彩，起到调节环境，活跃景观气氛的作用。在设施的色彩设计上，应该打破程式化的思维定式，营造宜人的设施环境氛围，如图5-5-1和图5-5-2所示。

图 5-5-1

图 5-5-2

如图5-5-3所示为汉诺威世界博览会上一个场馆的入口标识设计，这是一个极具创造力的景观艺术品，无论是形态的构成方式，还是色彩的艺术处理都体现出设计者的独具匠心，象征地球的、高纯度的、意象化的球体色彩，与几根银灰色、富有动感、体现现代科技的金属柱形成了强烈的对比，构成了一个富有个性化的艺术景观，体现出展览的"人、自然、技术"的主题思想。

图 5-5-3

5.6 色彩的细节处理

正如一块硬币的两面不可分割一样,色彩是附着于形态之上的,色彩先于形态而进入人们的视线。设计首先应考虑形态,然后考虑色彩与形态的协调、交接、转换关系,所以在色彩设计上一定要注意细节的处理。

1. 单色处理

单色处理就是色彩的变化不依形体界面的变化而改变,色彩随形走,这种方法可以体现出雕塑般的效果,视觉统一、单纯、简洁,常见于小型或功能单一的设施设计。但要注意形体的起伏变化与肌理的对比运用,以免造成视觉单调。通常的情况下,一种色彩、一种材料在设施的设计上是不多见的,如果是体感或面积大些的设施也常常用图案或文字来调节,如图 5-6-1~图 5-6-4 所示。

图 5-6-1　　　　　　　　　图 5-6-2　　　　　　　　　图 5-6-3

图 5-6-4

2. 多色处理

色彩依设施形态的起伏，界面的转折变化而改变，是常见的处理办法。要注意色彩之间的变换要有界面的转折，材质的变化或结构的自然留缝等工艺处理，还要注意一种设施的色彩不宜超过三四种颜色，单体设施或设施规划的色彩要平衡好部件关系，注意色彩的穿插、呼应等，以便形成整体统一的设施设计，如图 5-6-5 和图 5-6-6 所示。

第 5 章 ◎ 公共设施的色彩运用

图 5-6-5

图 5-6-6

5.7 色彩与材料

　　不同的材料有不同的特质和美学特征，这种美学特征体现于材料的结构美、纹理美、色彩美。色彩可以改变材料给人的感觉，在设施设计时应尽可能地挖掘材料自身的属性与结构，体现出材料自身的个性及色彩个性，以此来展现设计者的设计理念与思想。同时，设施的设计还要注意材料的二次组织运用，这样能挖掘出材料自身的潜在语言，体现出层次丰富的艺术效果。由于公共设施主要是处于室外，所以在选择材料与色彩设计时，还要进行必要的技术处理，保证经久耐用，如图 5-7-1～图 5-7-6 所示。

图 5-7-1

图 5-7-2

图 5-7-3

图 5-7-4

图 5-7-5

图 5-7-6

复习思考题

1. 简述公共设施色彩设计与环境色彩的关系。
2. 简述公共设施的色彩设计特点。

第 6 章
Chapter 6

公共设施与人的行为

当今社会人们的需求由物质向精神过渡的趋势日渐明显，公共设施设计也逐渐由满足人的物质需求功能向满足情感认知功能转变。公共设施的设计研发除了要具备操作简单、使用公平、结实耐用等要求外，还要关注区域间大多数人的心理需求，以适应复杂多样的使用人群。在做公共设施设计时，我们需要仔细的分析由本能、认知、反思等心理因素支配下的行为规律。这样设计师才能在摆脱技术束缚的同时，"随心所欲"地创造趋于完美的现代公共设施产品，只有了解受众的行为规律，人们才能广泛享受到公共设施所提供的无微不至的情感呵护，实现人与公共设施的完美交互。

6.1 环境场所与人的行为

澳大利亚的一家会所就人在公共场所的行为进行了一项调查，在被调查者中，86%的人在午休时间离开单位，其中55%的人利用开放空间。当问及他们在开放空间的活动时，主要的回答是放松（62%），然后是吃东西（22%）和散步（10%），选择某处开放空间最常见的理由是"靠近工作场所"，接下来是"有树和草"，以及"不拥挤"。绝大多数的开放空间使用者希望有附加设施，根据对现代广场用途的调查研究，坐、站、走动及用餐、读书、观看和倾听等活动的组合，占到所有利用方式90%以上，如图6-1-1～图6-1-4所示。

图 6-1-1

图 6-1-2

图 6-1-3

图 6-1-4

人们的行为与公共环境的结合构成了行为场所,要创造人性化行为场所,必须有能聚集人气的、合理的小空间以及必备的设施,以为人们的正常活动和日常行为提供必要的条件,做到"人尽其兴、物尽其用"。无论是自我存在的独处行为或公共交往的社会行为,都具有以社会为背景的秘密性与公共性的双重品格。人在空间的行为有总的目标导向,但因活动的内容及目的不同,所以呈现出规律性、不定性、随机性等复杂现象。

人在户外活动可以划分为三种类型:必要性活动、自发性活动和社会性活动,每一种活动类型对于物质环境的要求都大不相同,如图 6-1-5~图 6-1-10 所示。

(1) 必要性活动就是人们在不同程度上都会参与的、不由自主的活动,这类活动是具有功能性目的的行为,日常生活与生活事务属于这一类,如上学、上班、文体活动、购物、候车等活动。

(2) 自发性活动是指人们有参与意愿的,并且在时间、地点等条件适合时才会产生的,这类活动包括散步、观望、休息等,没有固定的目标、线路、次序及时间等限制且具有随机性。这类活动有赖于外部的物质条件。

(3) 社会性活动是在公共环境中有赖于他人参与的活动,形式多样,如游戏、交谈等,可发生各种环境场所中,如公园、游乐园,如图 6-1-5~图 6-1-10 所示。

图 6-1-5

图 6-1-6

图 6-1-7

图 6-1-8

图 6-1-9

图 6-1-10

6.2 空间尺度与人的行为

人们的交往程度及行为习惯决定了人们的空间距离关系，也为设施规划的空间布局提供了尺度依据。大型空间应划分为许多小空间以供人们使用，通常情况下人们更喜欢围合而又暴露的空间。一个空间能令人愉悦是因为它们的尺度、形状与使用者的目的相一致。空间可以是内向的、外向的、上升的、下降的、辐射的或切向的。空间是有性格的，不同的空间、尺度、形态、色彩给人不同的感受，引发人们不同的反应。不同的空间尺度影响着人的行为与情感，例如：紧张、松弛、痛苦、欢乐、沉思、兴奋、静止、动感及崇高等。设计师要学会利用空间和规划空间，设计人性化的场所与环境设施。要想创造有效的空间，必须有明确的围合，围合的尺度、形状、特征决定了空间的性质。人的交往距离的空间尺度一般可分为以下4种。

(1) 亲密距离。相距 0~0.45m，是一种表达温柔、舒适、爱抚及激愤等强烈感情的距离。

(2) 个人距离。相距 0.45~1.30m，是亲朋好友或家庭成员之间谈话等活动的距离，但同时保留个人空间。

(3) 社会距离。相距 1.3~3.75m，是朋友、熟人、同事之间进行日常交流谈话的距离。

(4) 公共距离。大于 3.75m 以上，是一种单向交流的距离，适用于讲演、集会、讲课等场所，或者人们只愿意旁观而无意参与的场所。这种距离决定了人们的交往距离，也是空间或设施规划设计与布局的依据，如图 6-2-1 所示。

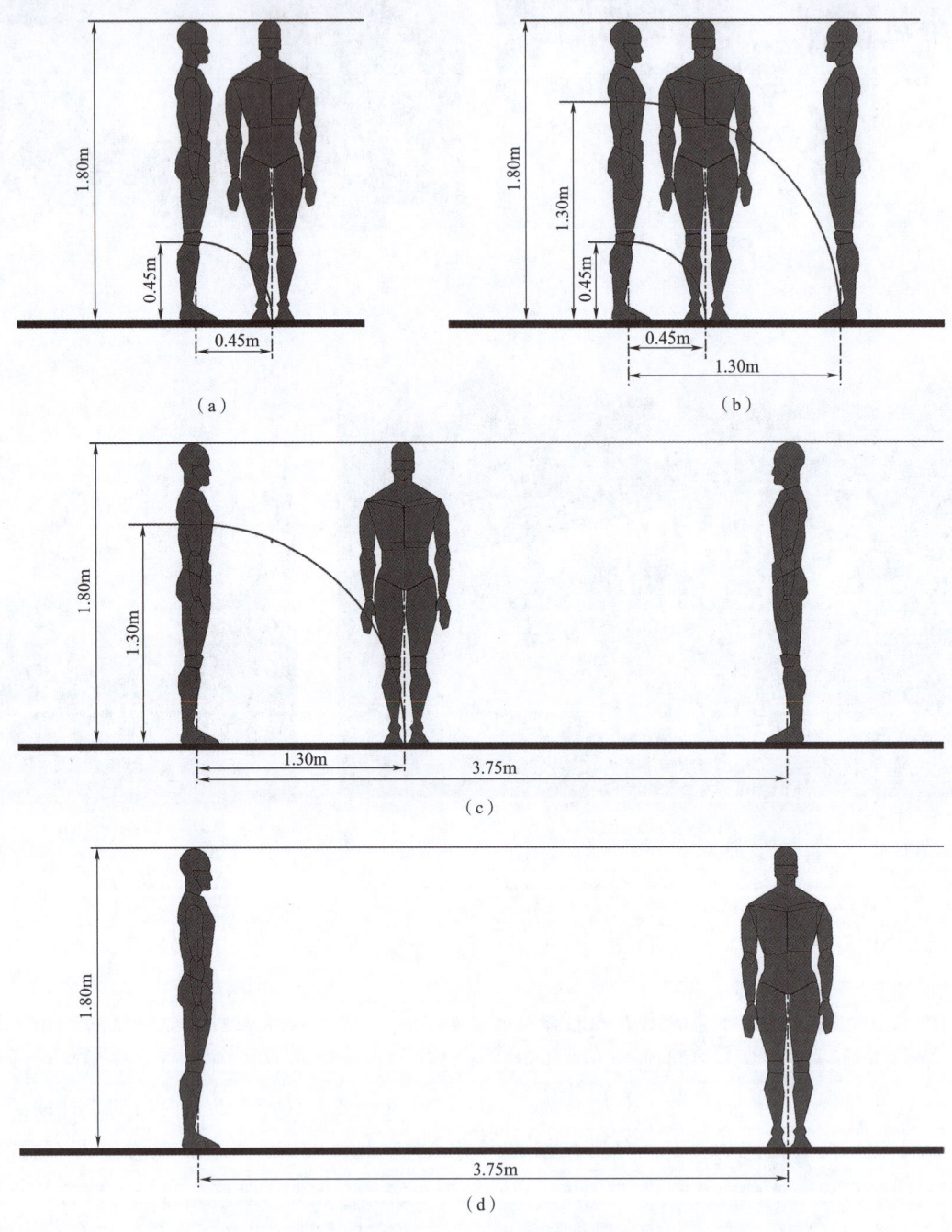

图 6-2-1 人的交往距离
(a) 亲密距离；(b) 个人距离；(c) 社会距离；(d) 公共距离

例如，在外部空间设计时，把 25m 作为外部空间的基本模数尺度，在一般环境下，25m 内能看清对面物体的形象，在高速公路行驶的汽车因速度快而看不清路牌指示的方向，所以指示牌、看板的设计就要加大尺度，减少细部的小文字。而步行街的行人由于行走速度慢，空间尺度相对较小，所以信息量可以加大，版面设计要相对丰富。亲密程度决定了个人空间尺度的大小，个人空间是相对的，不同的场所、不同的民族、不同的文化背景、不同年龄的人群，个人空间也不大相同，空间分为信息的空间、行走的空间、视听的空间、游戏的空间等，同时人在空间中的需求又具有公共性和私密性。

（1）公共性。指公共空间中人的思想、情感、信息等人际交流活动需求，这些公共空间如儿童游乐园、公园、休闲场所。

（2）私密性。是个人空间的基本要求。空间的私密性是公共设施设计的一个重点要求，在公共性设计的前提下，应划分出私密性的特点，满足人的行为要求。

在进行公共设施设计时，要考虑人的行为关系，包括老人、残疾人和儿童等各类人群。所以对于公共设施而言针对人的行为关系的解决方案莫过于追求尺度上的合理化。设计合理的尺度关系不仅是设施产品实现功能的手段，也是完成设计的关键因素。所谓合理的尺度关系即是能够获得公众生理和心理认同的尺度关系，这不只是规范和数据标准，同时也是通过对人动态活动的了解和判断建立起来的认识。中国的地域和民族差异很大，尚未出现具有通用性的人体测量标准，基于设施本身权威性的行业标准也大都无据可循。如果希望公共设施在建立和谐秩序方面更具有意义，就不能忽视尺度控制手段在设计中的价值。

6.3 公共设施与人的行为的互动

在公共设施设计活动中，设计师不能把自己的意志强加于使用者，而应把这种社会活动关系由客体变成主体，把美学形象变成现实的产品，并通过产品与使用者进行交流。公共设施产品与受众行为模式之间的关系是互相影响的，人的行为习惯及生理、心理、情感等各个方面都是公共设施设计的基础和挖掘方向。在公共设施使用过程中人们会自然而然地形成与之相适应的行为习惯、心理印象、文化符号和思想感受。人类是公共设施的设计者、生产者，同时也是其使用者，双重的身份使人们一方面充当指导公共设施发展方向和趋势的主体；另一方面又在公共设施的使用过程中成为被引领和指导的客体。这种互为指导、互相促进的交替主客体关系会让人们在尊重自然、和谐平等的基础上拥有更广阔的设施产品发展空间，如图6-3-1～图6-3-3所示。

图6-3-1

图6-3-2

图6-3-3

6.4 公共设施的通用性与人的生理行为

公共设施的使用行为主体是人，产品适合使用者使用是设计中一个非常重要的因素，人体尺度与人机关系是设施产品设计的一个至关重要的问题。

公共设施作为服务于人的工业产品，首先其设计必须遵循人的行为尺度，才能满足人们的根本使用要求。而人的行为尺度主要有下列三个方面，即有关人的硬件尺度、软件尺度及习惯尺度。

1. 硬件尺度

与公共设施相关的硬件尺度主要是应用物理学的方法研究人的尺度、形态和各种力学问题，包括对人体各部分的尺寸、活动半径、工作范围和肌肉力量等静态、动态的人体测量数据。其中，静态特征是身体尺度与公共设施间的直接关系，其研究目的是通过满足人行为的调整和变换提高使用的舒适性；动态特征则主要针对公共设施与身体的活动范围相关的部分和位置关系。静态特征与动态特征包含了大部分人的行为动作系统，因此，公共设施的硬件尺度关系是通过行为发生的。行为的硬件尺度是公共设施设计最基本的参考数据，以此作为基本模数进行公共设施的空间设计，从而保证公共设施惠及大众的基础使用功能。

2. 软件尺度

随着公共设施产品技术的复杂化和电子化，产品的使用功能也出现"黑盒化"，即产品的形态与其使用功能的内在联系逐渐减弱。无论多么先进的机器如果不能和使用者实现沟通和交流，就不能发挥它应有的作用。因此，人们需要通过心理学、生理学等方法对人在使用机器时的生理机能水平加以测量，这种生理机能水平被称为软件尺度。对软件尺度的评估，改变了单纯依靠直觉和感觉设计的弊端，为公共设施降低操作性问题发生的概率提供了理性依据。

3. 习惯尺度

公共设施的操作性一方面受到人的生理特征、运动特征和信息的识别特征的影响，也受到使用习惯的制约；另一方面，人的使用习惯也可以弥补软件和硬件尺度上设计的不足。特别是对操作过程不明了的，电子化特征越发明显的公共设施设计来说，顺应用户使用习惯的动作顺序变得越来越重要。但是，习惯具有很大的个体差异，在研究用户的习惯尺度时，应提高信息的传递与解读，实现设计师与用户的交流，需要挖掘公共设施基本功能相对应的典型形态与典型使用习惯，在群体行为特质间寻找尽可能多的共性，如图6-4-1所示。

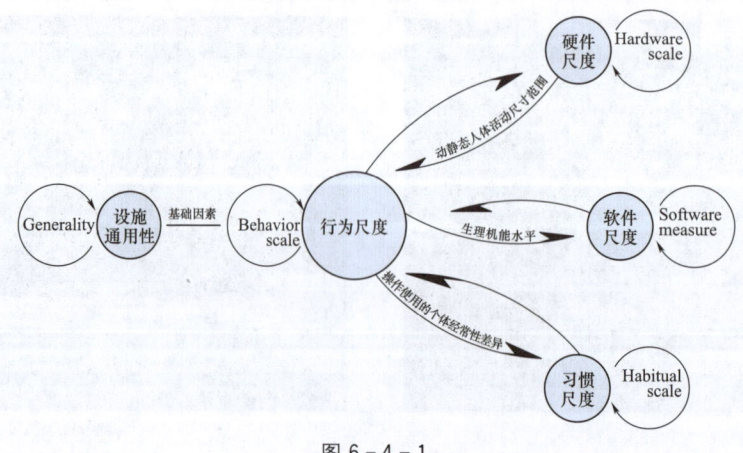

图6-4-1

6.5 公共设施的操作性对人的行为的影响

在公共设施的安全设计过程中,不只应从人机工程学的角度制定标准的设施尺度,也要通过人的心理尺度分析满足心理安全感的需求。公共设施的设计通过对使用者心理的分析指示、引导使用者正确使用行为的发生。例如,庆典用的会场座椅之间总是设计得很紧密,就座的人群自然而然产生热闹的气氛;图书馆阅览室,往往设计得宽敞而空旷,座位摆放稀疏,使用者很自然地会深入于独立思考的境界之中;公交车站的座椅往往缺乏舒适感,使用者往往不会长时间逗留。这些设施产品通过不同的操作方式影响使用者的行为,使之迎合整体环境的需求,促进设施产品使用进入良性的运作流程,如图 6-5-1 和图 6-5-2 所示。

图 6-5-1

图 6-5-2

这是一款拓展私人空间的公共座椅,是由两名热衷交友也尊重私人空间的设计师合作设计的。座椅套装标配四把椅子和一张长桌,外观与普通座椅并无特别之处。只不过,若是想要在公共领域发掘一块私人空间,只要将座椅座位翻起,您就能在四人桌上开发出一张背对众人的靠椅,找到一块小小私人空间,不必跟陌生人尴尬地面对面,如图 6-5-3~图 6-5-8 所示。

图 6-5-3

图 6-5-4

图 6-5-5

图 6-5-6

图 6-5-7

图 6-5-8

6.6　公共设施的易识别性与人的心理行为

  人们的潜意识对各种物质都有不同的反应，我们可以运用人的行为规律更好地为自身服务。在定义公共设施的色彩、质感或形态等问题时，设计师需要了解受众人群的心理行为，有效利用一切可以调节的手段营造情感氛围，以创造情感上的巨大的感染力和影响力。就像火红的色彩令人感觉温暖，水蓝的色彩给人清凉的印象，柔软的材质令人感觉亲切，而坚硬的表面则使人不愿触碰一样，只要了解使用人群对设施设计相关事物的心理反射，我们在设计设施产品的时候就可以"趋利避害、有的放矢"。人们的行为特点可以作为设计师做设计时的一种基础选择标准，在了解使用者心理需求的基础上，运用各种设计手段，迎合受众心理，获取设施产品与使用者之间的心理交流，从而完善最终的设施设计方案。

6.7 公共设施的交互设计与人的情感行为

现代公共设施设计已经不再单纯是物化的产品设计，它更注重对受众情感的全面关照。而要实现公共设施与受众情感的沟通交流，就不得不提到界面交互和人工智能这两种当下广泛流行的人机交互方式。现代城市道路两边的多媒体信息亭、导航地图、环境指数屏等一系列新媒体、高科技的公共设施产品都向我们展示着界面交互对现代公共设施体现人类情感方面的重要性。例如在陌生的城市，人们可以通过街边的导航地图询问到达目的地的方法。

实例一 位于芬兰赫尔辛基 CityWall 项目，将 iPhone 的多点触摸技术应用在城市公共空间的墙面上，作为新型的城市公共设施产品，它通过界面交互为市民提供关于城市交通、旅游景点、饮食住宿、艺术展览等多方位信息，同时还可以展开社会性话题的讨论，如气候变暖、城市景点等，并可以在 Flickr（雅虎旗下图片分享网站）创建相册，提供网络交流平台。CityWall 的意义不仅在于多点触摸技术的应用，同时还在很大程度上满足了广大市民的交互体验需求，通过以交互方式作为主体的新型设施产品创建市民与城市信息之间的双向交互过程，如图 6-7-1～图 6-7-3 所示。

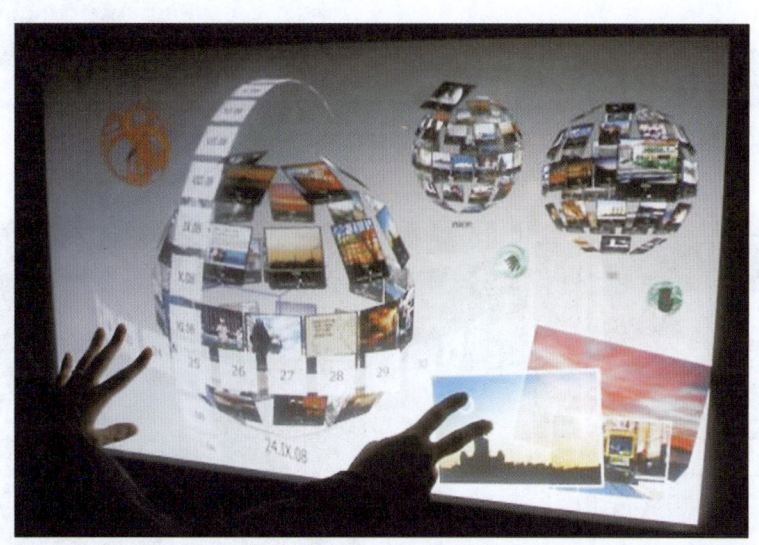

图 6-7-1

图 6-7-2

图 6-7-3

实例二 如图6-7-4~图6-7-7所示，这款智能自动售货机配有一个47英寸的大触摸显示屏及一只智能摄像头。它可以识别出靠近售货机的用户性别及大致年龄，在这些信息基础上给用户推荐适合的商品，选择商品的时候也会显示出相应商品的详细介绍，并会在交易结束时显示"谢谢"字样。在无用户靠近的时候，它还会根据温度和天气，在显示板上展示广告，在寒冷的冬天会向路人推荐热咖啡，炎热的夏天则推荐冰镇饮料。

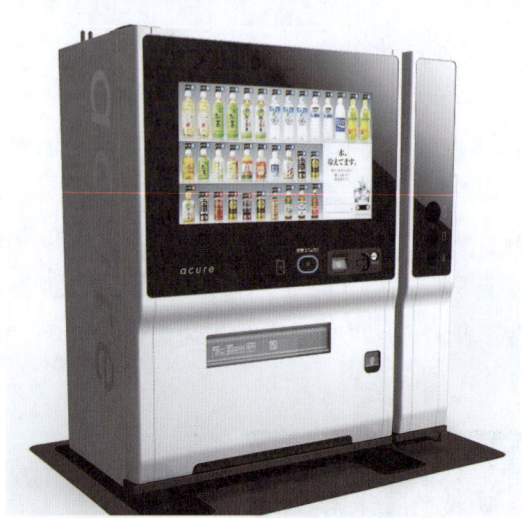

图6-7-4

图6-7-5

图6-7-6

图6-7-7

在6个月的试点测试之后，该公司统计出该款新型售货机的销售量比普通售货机要高出2倍以上，而收集的统计数据也颇让人意外，如使用自动售货机的大都为30岁左右的男性，晚上果汁饮料的购买率要高于白天等。

实例三 图6-7-8中所示的广告牌，广告语是"不用再弯身了，这一刻，您的臀部曲线暴露无遗。若一条性感剪裁的仔裤在身，这同时定是被人关注的时刻！"

这一设计将广告设计巧妙地融入车站的设计之中，形成其设计亮点，使候车的人在观看广告时对其内容产生兴趣。平面广告以醒目箭头下方的一行微小字幕吸引众人注意，看清字幕的同时必须俯身提臀的动作点题强调：一条合身精致仔裤对身体曲线及舒适度的重要性。（广告代理：克罗地亚萨格勒布布鲁凯塔。）

第 6 章 ◎公共设施与人的行为

COPY：
At this moment, your bum is completely exposed. If it were in a sexy pair of jeans, it would attract attention all the time!

图 6-7-8

实例四 图 6-7-9 是一个玩味十足公交车站（Playstation Bus Stop），位于马来西亚的汽车站装配有玩味极强的功能泡沫板，但要注意，你很可能会错过所等的汽车！

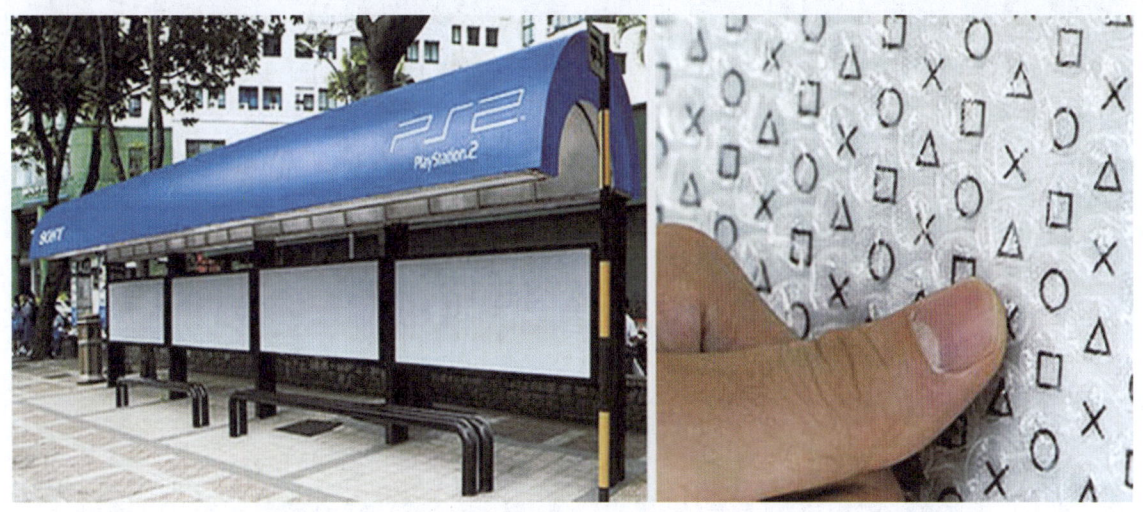

图 6-7-9

实例五 图 6-7-10 是可口可乐全新引力瓶。

巴黎公共汽车候车亭将商业策划引入设计，增加了人机互动因素，将印刷在魔术贴上的海报置于候车亭上，人们靠近即被黏附以唤起人们的注意。让人们知道全新可口可乐瓶身所赋予的强大吸引力，实践证明此案例也是一个极富商业价值的成功创意。

图 6-7-10

实例六 图 6-7-11 是"多伦多绿色生活:开关"。"你好,你听说过绿色生活多伦多吗?"(广告代理:Agency59 多伦多,加拿大。)

图 6-7-11

实例七　图6-7-12是"First Poster That Responds To People Looking At It.（第一张回应目光追寻它的海报）"。"它发生在无人关注的时候"（广告代理：Jung von Matt，汉堡，德国。）

图6-7-12

实例八　图6-7-13是Yahoo公车候车亭——"让等车也可以玩游戏"。Yahoo Bus Stop Derby是一个实体的活动，在旧金山选了20个公车候车亭，架设72英寸的大型触控屏幕，让等车的民众可以在上面玩游戏，有趣的是，这个比赛是以社区为参赛单位，人们可以挑选20个社区中任何一个候车亭，与在线的某个陌生人来个即时PK对战，为你的社区赢得胜利。

实例九　图6-7-14是健身房的广告，坐在椅子上，会显示体重，使候车人会心一笑，可调解一下候车人的心情。

图6-7-13

图6-7-14

实例十 TweetingSeat 随时互动的 Tweet 长椅。TweetingSeat 是实时更新自己状态的一张长椅，长椅置于公园，椅子上的蓝色小鸟和放置在树上的小鸟都装备有微型摄像头，只要有人坐在 Tweet 长椅上，它们就能够捕捉到坐在椅子上的人和周围环境的画面，并实时直播到 Tweet 长椅的微博上。让所有关注 TweetingSeat 的人都能收到最新的状态，跟它的粉丝分享。热衷 Tweet 的人应该会喜欢参与这个"随时互动维特"的游戏，如图 6-7-15～图 6-7-17 所示。

图 6-7-15

图 6-7-16

图 6-7-17

实例十一 图 6-7-18 是"富有乐趣感的摇摆公共座椅"。为了让在公共场所的等候更富有乐趣感，设计师设计出了这款可摇摆的公共树木座椅。这款可容纳 7 人左右的座椅，可以让你在摇摆中寻求一种平衡，打破陌生人之间的沉默气氛，更加亲近他人。

图 6-7-18

6.8 公共设施与人的行为关系的评判标准

美国景观学家克莱尔·库珀·马库斯和卡罗琳·弗朗西斯的《人性场所》一书中，就成功的人性场所做出如下几点评判的标准，此标准同样适应公共设施与人的行为关系的评判标准。

（1）位置应在潜在使用者易于接近并能看到的位置。

（2）明确地传达"该场所可以被使用，该场所就是为了让人使用"的信息。

（3）空间的内部和外部都应美观、具有吸引力。

（4）配置各类设施以满足最有可能和最吸引人活动的需求。

（5）使未来的使用者有保障感和安全感。

（6）有利于使用者的身体健康和情绪安宁。

（7）尽量满足最有可能使用该场所群体的需求。

（8）鼓励使用人群中的不同群体的使用，并保证一个群体的活动不会干扰其他群体的活动。

（9）在高峰使用时段、考虑日照、遮阳、风力等因素，使场所在使用高峰时段仍保持环境在生理上的舒适。

（10）让儿童和残疾人也能使用。

（11）融入一些使用者可以控制或改变的要素（如托儿所的沙堆、城市广场中心互动雕塑喷泉、儿童游乐设施）参与游戏。

（12）把空间用于某种特殊的活动，或在一定时间内让个人拥有空间，让使用者——无论是个人还是团体的成员，享有依恋并照管该空间的权力。

（13）维护应简单、经济、控制在各空间类型的一般限度之内。

（14）在设计中，对于视觉艺术表达和社会环境要求应给以相同的关注。过于重视一方面而忽视了另一方面，会造就失衡的或不健康的空间。

一切行为都来自于人的自身需求，所以场所就要有好的场所效应，如图6-8-1～图6-8-4所示。

图6-8-1

图6-8-2

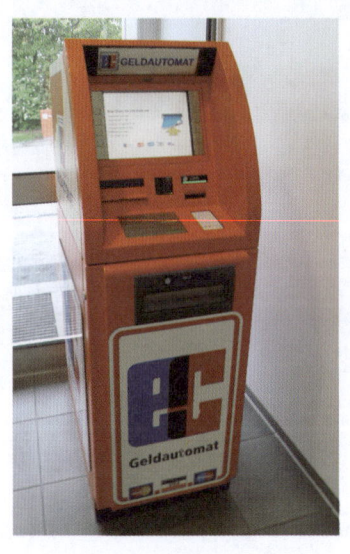

图6-8-3

图6-8-4

随着人类社会的发展，作为物质的公共设施产品渐进地步入了受众精神层面。公共设施产品不需要语言就能表达它们的情感，它们和人的行为之间的关系也恰恰体现着彼此间的联系、相互促进和制约的辩证关系。

复习思考题

1. 你是怎样理解公共设施设计与人的行为之间的关系？举一个设计实例加以说明。
2. 简述空间尺度与人的行为关系。
3. 简述成功的人性场所的评判标准。

第 7 章
Chapter 7
无障碍设施设计

7.1 无障碍设施的基本概念

无障碍设施问题最初是在 20 世纪初提出的,由于人道主义的呼唤,当时建筑学界产生了一种新的建筑设计的方法—无障碍设计,它的出现旨在运用现代技术履行环境,为广大老年人、残疾人、妇女、儿童提供行动方便和安全的空间,创造一个平等参与的环境。要想了解无障碍设施设计,首先应明确三个词语——"损伤""残疾""障碍"的概念。世界卫生组织对上述词语作了如下的定义。

(1) 损伤:任何心理、生理、组织结构或功能的缺失或不正常。

(2) 残疾:任何以人类正常的方式或在正常范围内进行某种活动的能力受限或缺乏(由损伤造成)。

(3) 障碍:一个人由于损伤或残疾造成的不利条件限制或妨碍这个人正常(决定于年龄、性别及社会各文化因素)完成某项任务。

综上所述的概念解释,我们对无障碍设施设计就不难理解,概括地说:残疾人、老年人及其他(她)行动不便者等弱势群体在使用公共设施时能安全、方便自主完成。确切地说:无障碍设施设计是指设施使用时无障碍物、无危险物、任何人都应该作为人受到尊重、能够健康地从事行为活动而进行的设施设计。

从人权的角度来说,人生来是平等的,在任何地方、任何环境使用任何公共设施都应该是同等的,不能因为人的损伤、残疾、或老年与儿童的年龄因素成为使用的障碍。无障碍设施设计的目的也就是使设施设计成为一种无障碍设计。一个好的设施设计,应该是健康人、老年人、残疾人使用率都很高的设施。如图 7-1-1 所示。

图 7-1-1

7.2 无障碍设施的发展

纵观无障碍设施历史的发展,成功的设计皆因对于残障人的关爱,而授众于健康人群。无障碍设施始于发达国家和地区,时至今日无障碍设施设计无微不至,在公共场所中,残障者可以使用的触觉地图、导盲声体、触觉信号、升降机、坡道、盲道、扶栏、特殊导向装置应有尽有,并且相关的法律制度非常健全,这些国家和地区以美国、欧洲发达国家、日本、中国香港地区为代表。20世纪50年代末期,为了方便残疾军人就业不受限制,美国最初提出无障碍设施建设问题。1961年美国国家标准协会(ANS)制定了无障碍设计标准,这也是世界上第一个制定无障碍标准的国家。1969年,国际复健协会将美国的"坐轮椅人像"图案定为国际残障人士专用标志,1976年美国正式通过了无障碍设计的法规。美国创建无障碍环境的特点是全方位的,主要从教育、科研、设计标准这三个方面入手,政府提供经费给一些高校设立无障碍技术研究项目,并且在一些高校设立专门的实验室,从事此方面的研究,包括:语言障碍、听力障碍、视力障碍、行动障碍等,无障碍问题细化的无所不至,为制订无障碍标准规范提供理论依据。美国是当今无障碍法律最完备的国家,无障碍设施建设不但有多层次的立法保障,并且执行起来奖罚分明并规定所有联邦政府投资的项目,必须实行无障碍设计。

欧洲的无障碍设施设计启蒙于1950年,由丹麦人卞·麦克逊(N. E. Bank - Mikkelsen)提出了正常化原则的理念。与此同时欧洲各国决议,对"身体残障者方便使用的公共建筑物设计及建设"加以考虑,包括便于老年人、残疾人、婴儿等所有人都能生活的环境。欧洲在进行无障碍设施建设与改造的同时,强调住宅建设也要实施无障碍化。

日本等亚洲发达国家和中国香港地区推行无障碍设施建设起步较晚,但无障碍设施整体的建设发展很快、很完备,地区经济的发展,政府的资金投入、倡导都起着积极的推动作用。日本的所有路口全部实行坡道化;主要路段人行横道口都装有盲人过街音响指示设备,公共环境内,地铁站装有升降机,并带有盲文的按钮,轮椅可以通达所有地方;盲道从地上一直铺到地铁站台。日本无障碍设施建设指导思想是:"无论是身体残疾者还是健全者,无论是老年人还是年轻人、儿童都能安心方便的生活。"香港的街路、交通节点、建筑物、机场、巴士站、地铁站等处的无障碍设施十分完备,所有道路都有缘石坡道和提示盲道,路口都有过街信号、提示音响设备、坡道节点处设有金属点状提示盲道。香港大力推行无障碍设施建设,要求政府各部门重视无障碍设施建设工作,使残疾人像健全人一样享用公共设施。自1976年香港的《残疾人通道守则》至今已修改多次,落实实施得非常到位。身处香港,无处不感到人性的关爱。

我国大陆地区无障碍设施建设起步很晚、起点较低,比较突出的问题是无障碍公交设施的滞后,极大影响着残障等弱势群体的出行。随着对外交流的增多,人们开阔了眼界,观念的提高,经济的发展,使得近些年来无障碍设施建设取得了可喜的成绩。尤其是北京、上海、深圳、广州、杭州等发达地区,发展迅速。我国无障碍设施的建设是从无障碍设计规范的提出与制定开始的,1985年中国残疾人福利基金会、北京市残疾人协会、北京市建筑设计院联合发出了"为残疾人创造便利的生活环境"的倡议。1986年我国编制了第一部《方便残疾人使用的城市道路和建筑物设计规范(试行)》,并于1989年4月1日颁布实施。2001年8月1日,建设部、民政部、中国残联又联合发布了重新修订的《城市道路和建筑物无障碍设计规范》,相关法律规范不断健全。

从总体来看，无障碍设施的发展还存在很多的问题，政府在政策、宣传力度、资金等方面的投入还不够，推行无障碍设施建设的理念较为薄弱，设计人员专业意识还不强，不能很好地执行设计规范，施工也不细致、人为造成障碍等。因此建设和发展我国的无障碍设施任重道远，我们要不断地学习国外的先进经验，树立新观念，完善设计标准、加强法律法规建设，并认真贯彻、落实执行，同时加强这方面的教学科研投入，加大公共传媒对无障碍知识的宣传，使公众了解无障碍设施。只有这样才能使残疾人像健全人一样享用公共设施以方便于民，构建和谐社会，如图7-2-1和图7-2-2所示。

图7-2-1

图7-2-2

7.3 无障碍设施的细节设计、常用尺度及符号标识

无障碍设施应从生活上、行动上等诸方面可能遭受到的障碍加以考虑，并提供足以克服这些障碍的设计，在公共环境中通常设置扶手、导盲砖、升降机、缓坡、字幕显示器等设施。设计师要注意这些无障碍设施的细节设计、把握其常用尺度，了解常用无障碍设施的符号标识。只有这样才能营造一个无障碍的理想公共环境。

7.3.1 标识

视障者与视力正常者在标识设计上应有很大的区别，视障者很难或无法通过视觉传达的方式接受信息，所以对视障者来讲，标识的设计可以通过色彩、可触的方式来解决这一难题，并且设计时尽可能地对标识传达的信息、图形加以最大的简化，以便使用者能迅速、准确地获得信息。国际通用的无障碍标志如图7-3-1所示，通常是蓝底白色的图案。不论到世界上哪个国家，只要见到这个标志就一定有无障碍设施。

标识的背景色与图形、符号要突出，设计的形式可考虑多种表达方式，如可触标识，可触标识的特点是视力正常的人与盲人都可使用，而可触盲文又不影响设计的视觉形象。

无障碍设施
Accessible Facility
表示供残疾人、老年人、伤病人及其他有特殊需求的人群使用的设施,如轮椅等。也表示轮椅使用者。
应根据实际情况使用本符号或其镜像符号

无障碍客房
Accessible Room
表示供残疾人使用的客房。
应根据实际情况使用本符号或其镜像符号

无障碍电梯
Accessible Elevator
表示供残疾人、老年人、伤病人等行动不便者乘坐的直升电梯

无障碍电话
Accessible Telephone
表示供轮椅使用者或儿童使用的电话

无障碍卫生间
Accessible Toilet
表示供残疾人、老年人、伤病人等行动不便者使用的卫生间

无障碍停车位
Accessible Parking Space
表示专供残疾人使用的停车位

无障碍坡道
Accessible Ramp
表示供残疾人、老年人、伤病人等行动不便者使用的坡道。
应根据实际情况使用本符号或其镜像符号

无障碍通道
Accessible Passage
表示供残疾人、老年人、伤病人等行动不便者使用的通道。
应根据实际情况使用本符号或其镜像符号

行走障碍
Physically Handicapped
表示行走障碍或供行走障碍者使用的设施。
应根据实际情况使用本符号或其镜像符号

听力障碍
Facility for Auditory Handicapped
表示听力障碍者或供听力障碍者使用的设施

导听犬
Assistance Dog for Auditory Handicapped
表示导听犬或供导听犬使用的设施

听力障碍者电话
Telephone for Auditory Handicapped
表示供听力障碍者使用的电话

图 7-3-1 (一)

第 7 章 ◎ 无障碍设施设计

视力障碍
Facility for
Visually Handicapped
表示视力障碍者或供视力障碍者
使用的设施

导盲犬
Assistance Dog for
Visuallyy Handicapped
表示导盲犬或供导盲犬使用的设施

文字电话
Text Telephone
表示听力障碍者或语言障碍者提
供文字帮助的电话

图 7-3-1（二）

7.3.2 轮椅的尺度

由于轮椅的使用空间比其他残障人的使用空间大，所以建筑环境及设施入口的宽度要以轮椅的宽度尺寸为基本尺度。轮椅可分为手摇式轮椅、手推式轮椅、电动轮椅其尺度，设计可以以图 7-3-2 为参考的基本尺度。

7.3.3 车行道与人行横道设计

人行横道要考虑轮椅、视障人的通行方便，轮椅的宽度约 650mm，两侧要求留有约 300mm 的安全宽度，1300mm 为最佳。盲道与人行横道之间要有交接以导引视障者过路，在路口处设置利于盲人辨向的音响设施。人行道要设有肌

图 7-3-1（三）

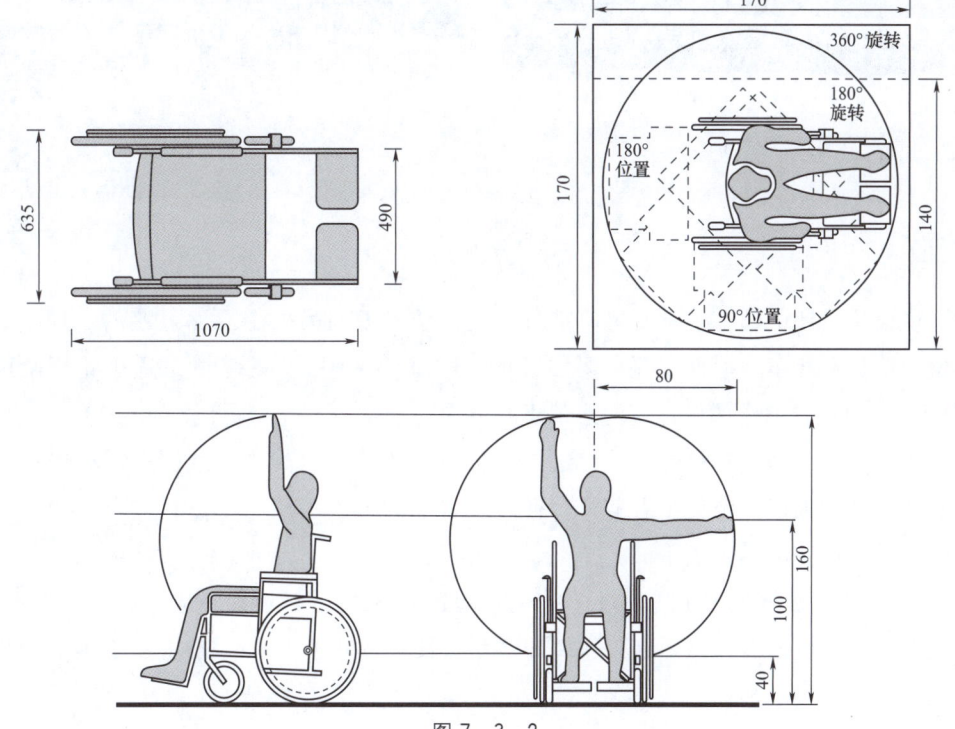

图 7-3-2

理地砖的盲道。人行横道与车行道之间要有斜坡过渡，坡度要尽可能地小，最大坡度不应超过1∶15（或6％）倾斜路面的坡最好要达到1200mm宽。平面和斜坡要有缓冲过渡带，以便轮椅使用者的安全保证。人行横道与车行道的过渡最好有点状肌理的地砖划分界面。在人行道与车行道交叉的界面所用的边石高差应小于20mm。井盖与排水沟格栅设计中，地沟盖的空隙孔应小于13mm，以免拐杖掉入沟盖空隙之内，如图7-3-3~图7-3-6所示。

图7-3-3

图7-3-4

图7-3-5

图7-3-6

7.3.4 坡道

坡道是环境设施设计中的一个重要组成部分，是一个界面向另一个界面过渡的一种方式，这种方式极大地方便轮椅、婴儿车、手推车等车辆的通行。1∶15和1∶20的坡度最适于轮椅使用者（见图7-3-7~图7-3-11），坡道的设计应注意以下几方面。

（1）坡面要做防滑处理，选材适中，可选有肌理的地砖、混凝土、水刷石、火烧板、机刨石等材料，注意肌理不易过大以方便使用者前行为准。

（2）无障碍坡道的宽度不少于1m。

（3）不足10m长的楼梯坡度不应超过1∶15，不足5m长的楼梯坡度不应超过1∶12。

（4）坡道的起始部位要有休息平台以作缓冲之用，长度不低于1.2m，休息平台要有防护装置如防护栏、防护墙以防使用者下滑。

（5）有扶手的墙面，扶手应固定在距地面900~1000mm处。

第7章 无障碍设施设计

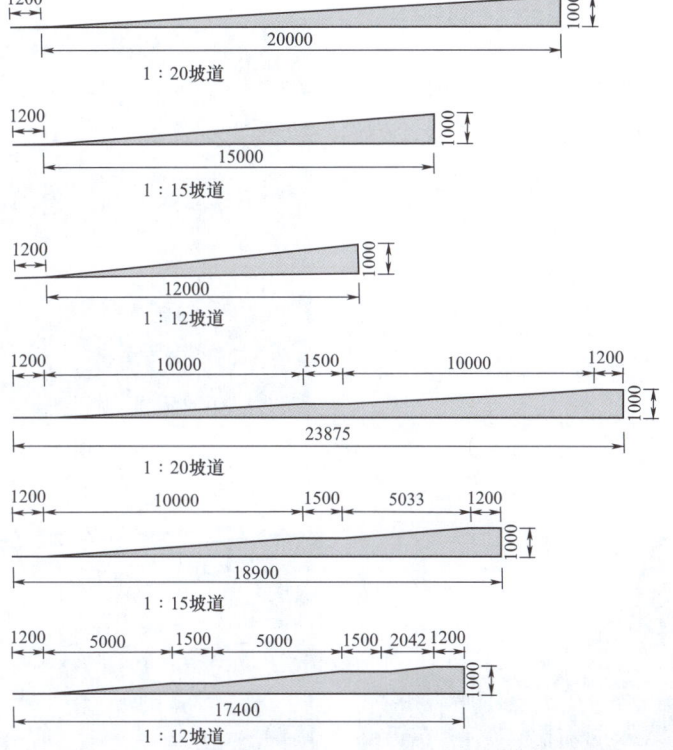

图 7-3-7

图 7-3-8

图 7-3-9

图 7-3-10

图 7-3-11

7.3.5 地面

地面的设计不要忽视视障者的需求,因为对视障者来说不同的铺路材料传达着不同的信息,他们依靠这些材料的肌理和方向传达的信息去寻找目标。指引视障者向前行走的盲道为条形的行走盲道,在行走盲道的起点、终点和拐弯处设圆点形的提示盲道。盲道的宽度一般为 0.3~0.6m,尽量避开井盖铺设。如果人行道外侧有围墙、花台或绿地,盲道应该设在距离它们 0.25~0.5m 处,如图 7-3-12~图 7-3-16 所示。

图 7-3-12

图 7-3-13

图 7-3-14

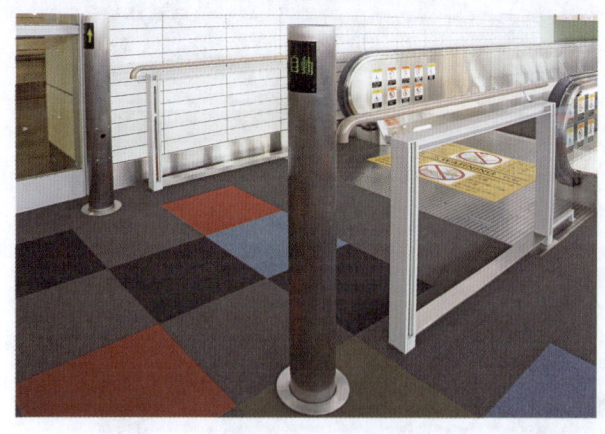

图 7-3-15

图 7-3-16

7.3.6 阶梯

踏步高度规定不得大于 150mm,以便拄双拐的残疾人能自力使用,踏步宽度影响到落脚地点和拐杖的相对位置,规定不得小于 300mm,梯段高度和休息平台的安排应考虑残疾人的攀登能力,每个梯段的踏步数不应超过 18 级,如图 7-3-17 所示。

图 7-3-17

7.3.7 设施扶手

建筑物中的坡道、走道、楼梯、台阶、残疾人设置的扶手是残疾人在行进中重要的依靠设备,也是残疾人非常关注的安全设施。他们经常需要利用扶手发挥上肢的作用,以保持身体平衡。中途休息时,可将身体靠在扶手上,借以恢复体力,因此,扶手应安装牢固。视障者需要依靠扶手引导方向,梯段的两侧都要设扶手,扶手需保持连续不断,在扶手的两端应设置盲文给予提示,如图 7-3-18 所示。

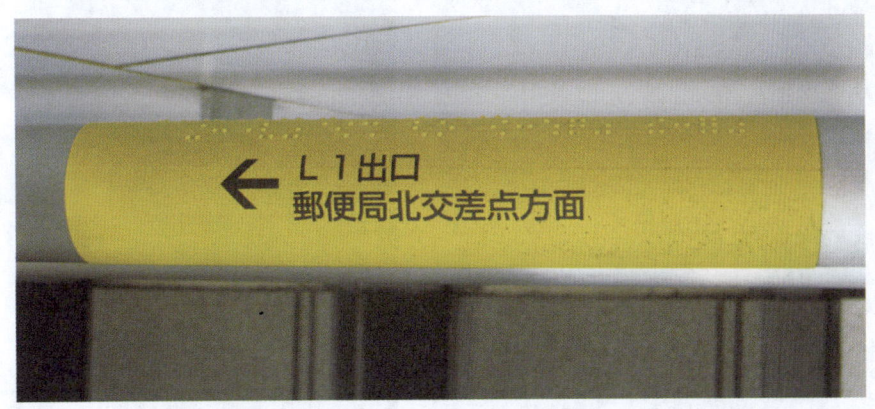

图 7-3-18

楼梯轮椅升降平台是利用导轨安装在已建好的楼梯扶手上,残疾轮椅车可沿楼梯扶手和轨道上升或下降。不使用时,运载轮椅的升降平台可以折叠以节省楼梯空间,斜挂式楼梯轮椅升降平台最初的出现是为了弥补老式电梯无法改造而给轮椅残疾人造成的出行不便,如今新建筑上也可安装这样的斜挂式楼梯轮椅升降平台。比起一般的残疾人电梯,可折叠的升降平台占地少,尤其适合站台较小的地铁车站,如图 7-3-19 和图 7-3-20 所示。

夜晚或者灯光昏暗时,正常人都需要小心翼翼地上下楼梯,以防意外发生。而对于盲人来说,上

图 7-3-19　　　　　　　　　　　　　　　　　　　　图 7-3-20

下楼梯对他们来说更加"危险"。如图 7-3-21 和图 7-3-22 所示的楼梯特意在扶手上安装了金属铭牌，上面印有盲文导引，标明上楼梯的位置和重要信息，如"开始上楼梯""处在楼梯中间""再踏一步就到平台等"，引导盲人更加安全地上下楼梯，十分人性化。

 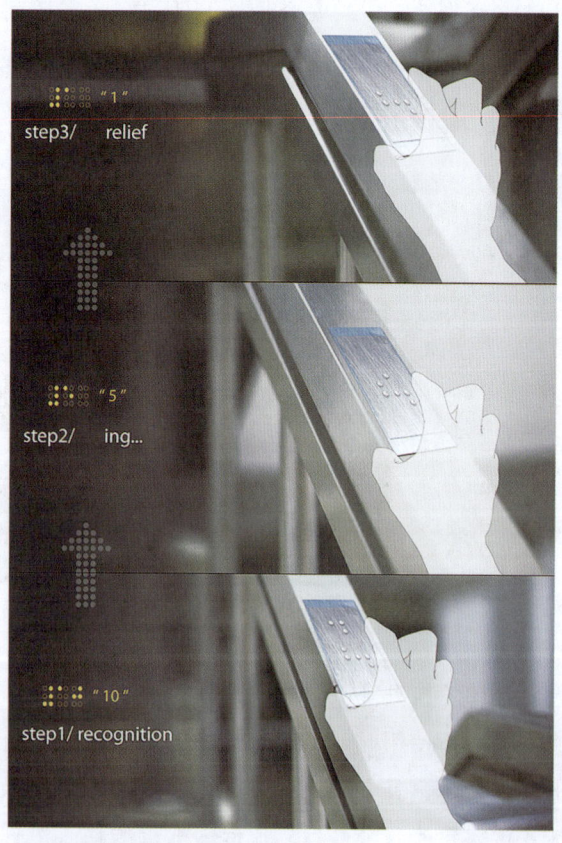

图 7-3-21　　　　　　　　　　　　　　　　　　　　图 7-3-22

7.3.8 停车场

停车场要用标识牌、标出残疾人通道及残疾人用停车位，此停车位要宽，以方便轮椅使用者上下汽车。黄色或白色的标志是国际通用的轮椅使用者的标识色彩，如图 7-3-23 所示。公共环境中，如商场等公共建筑的停车位配比关系是：每 25 个停车位有 1 个加宽的停车位，每 50 个停车位有 3 个加宽的停车位，每 100 个停车位有 5 个加宽的停车位。标准停车场车位的尺度为 2500mm（宽）×6000mm（长），而轮椅使用者的停车位至少应为 3700mm（宽）×6000mm（长），如图 7-3-24 所示。

图 7-3-23

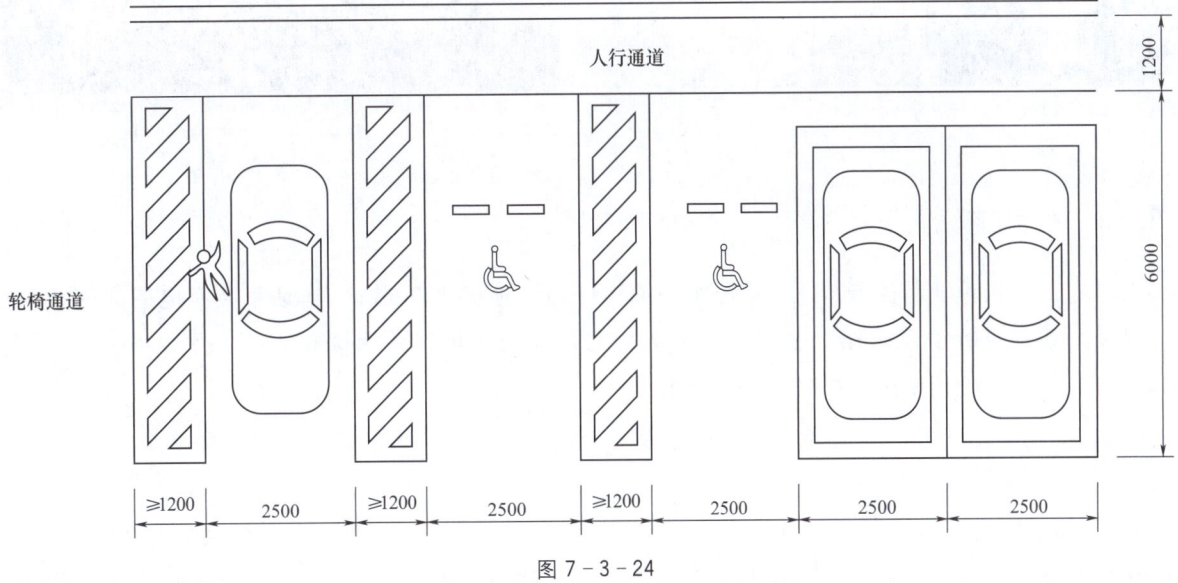

图 7-3-24

7.3.9 电梯

电梯是无障碍公共设施的重要方面之一。在高层公共空间中，电梯实际上就是一个升降平台，所以在设计时一定要考虑无障碍设计的因素，使用上要便于操作，电梯的尺度中入口宽度不小于800mm，电梯间宽不小于1400mm，进深不小于1350mm。电梯间最好有镜子，设计时注意按钮位置的高度便于使用，位置应较低，有盲文、可触知铭文、照明的亮度和提示的声音，如图7-3-25和图7-3-26所示。

图7-3-25

图7-3-26

7.3.10 公共电话

公共电话的投币孔、插卡口、显示屏距地面不应高于地面1200mm，电话里装有电感线圈从话筒到电话机的线不应短于750mm，拨号按键应是大号的，公用电话前面300mm（长）×800mm（宽）的地方不应有任何电话使用者的障碍物，如图7-3-27～图7-3-29所示。

7.3.11 阻车柱

阻车柱位于人行道与车行道的交界线上，阻车柱的高度不应高于1m，柱间距之间不应少于900mm，但最好不大于车距1800mm以保护行人免遭车碰。阻车柱要以直的为好，不应有附加物在柱体上，如图7-3-30所示。

图 7-3-27

图 7-3-28

图 7-3-29

图 7-3-30

7.3.12 自助系统

自助取款机、投币口、插卡口、出货口等的位置应设置在轮椅使用者伸手可及的地方，机器显示屏的中心高度应方便轮椅使用者的视觉要求，显示屏中心不超过距地面 1200mm。

7.3.13 公厕

公共厕所应设有带扶手的坐式便器，门隔断应做成外开式或推拉式，以方便轮椅进入，如图 7-3-31～图 7-3-34 所示。

图 7-3-31

图 7-3-32

图 7-3-33

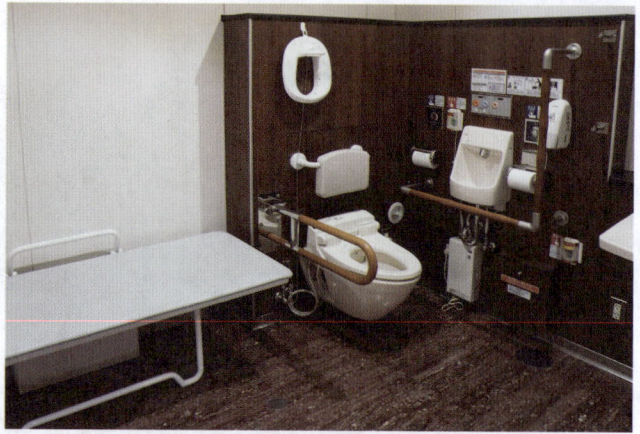
图 7-3-34

复习思考题

1. 什么是无障碍设施设计？
2. 用草图的形式画出 3～5 种常用无障碍设施设计的尺度图。

第8章

新观念公共设施的创新设计

8.1 新观念公共设施设计

经济持续健康发展和城市现代化进程的加快,公共设施要更多的介入公共区域和空间的拟定和规划。建立系统的、科学的公共设施设计流程来适应新的发展模式,对公共设施设计更好地与环境共融进行分析,进而真正应用到解决实际问题都是必然趋势。因此,在环保主题的倡导下,低碳节能、再生循环、能源技术、减排零污染等设施设计新观念不断涌现并成为一种公众认可的设计趋势。环保时代的来临促进了设施设计观念的进一步解放和表现技术的优化,绿色设施设计、概念设施设计、适度设计等融合诸多边缘学科的新概念设施层出不穷。我们无法预料下一步公共设施设计会以何种更新速度提升和深化,但我们可以肯定的是,科技时代的多元文化冲击要求公共设施彰显新理念创新和奇思妙想的情趣化与识别性,新观念下的设施设计应趋向更为轻松、更富个性的解读方式与工业产品化语义,更具强烈的主观性、视觉冲击力及良好的功能性与人群针对性,来为更多个体服务。

8.2 基于生态能源的公共设施创新设计

人类创造了现代化的生活方式和生活环境的同时,也加速了资源、能源的消耗,对地球的生态平衡造成了极大的破坏。现在诸如全球气候变暖、资源枯竭、环境污染、物种灭绝等问题层出不穷,这些都成为人类可持续发展道路上的绊脚石。现今社会,太阳能、风能、生物质能等清洁能源已经被广泛应用到产品设计的各个领域,但是应用于公共设施上的还极为有限;技术是设计的平台,技术革新无疑为设计师提供了更为宽泛的设计思路和手段。自古以来,科技的发展一直在人类的设计过程中扮演着重要的角色。近些年来,伴随着科学技术的飞速发展,一些新的技术更是对基于生态能源下的公共设施创新设计带来了新的契机。将生态能源应用到公共设施的创新设计,形成设施的能源自给机制无疑具有很大的必要性和商业价值。

了解生态能源的构成,分析其利弊,将生态能源环保理念应用到公共设施设计的实践,充分利用生态能源的优势,规避其劣势,才能最大程度上挖掘出生态能源应用于公共设施设计的价值,对公共设施设计的创新也会起到积极的促进作用。

1. 风能

风是地球上的一种自然现象,它是由太阳辐射引起的。由于地面各处受太阳辐照后气温变化不同,因而引起各地气压的差异,在水平方向高压空气向低压地区流动,即形成风。风能就是空气的动能,据估算,全世界的风能总量约 1300 亿 kW,中国的风能总量约 16 亿 kW,风能作为一种高效清洁的新能源日益受到重视,如图 8-2-1 所示。

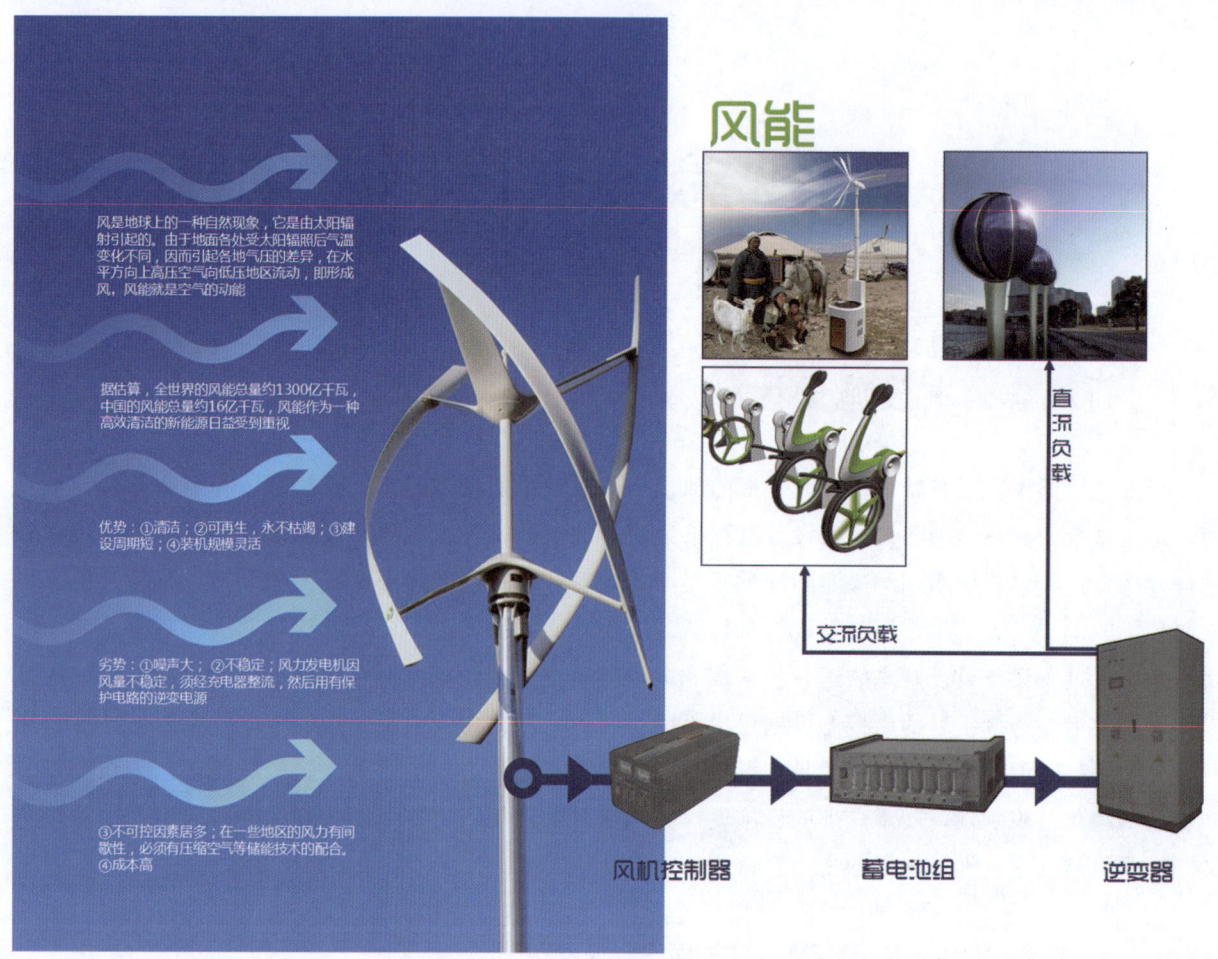

图 8-2-1

(1) 风能的优势包括以下几项。

1) 清洁,对周边环境没有影响。

2) 可再生,永不枯竭。

3) 建设周期短。

4) 装机规模灵活。

(2) 风能的劣势包括以下几项。

1) 噪声大,进行风力发电时,风力发电机会发出巨大的噪声。

2) 占用大片土地。风力发电需要大量土地以便兴建风力发电场,才可以生产比较多的能源。

3) 不稳定、不可控因素居多。风力发电机因风量不稳定,须经充电器整流,再对蓄电瓶充电,然后用有保护电路的逆变电源,把电瓶里的化学能转变成交流 220V 市电,才能保证稳定使用。在一些地区的风力有间歇性,有时风力较少,必须有压缩空气等储能技术的配合。

4) 目前成本仍然很高。

(3) 技术的体现载体。小规模的风力发电设施因为其体积小巧,便于安装与运输的特点,使得其成本降低很多,已经相当可观。风力发电机的小型化与分散化是其应用于公共设施设计的重要前提。

1) 新型垂直轴风力发电机,新型垂直轴风力发电机突破了传统的水平轴风力发电机启动风速高、噪声大、抗风能力差、受风向影响等缺点,采取了完全不同的设计理论,采用了新型结构和材料,达到微风启动、无噪声、抗12级以上台风、不受风向影响等特点。其小巧的结构使其具备了以模块化方式,大规模装备于室外公共设施的可能性。并且,其以风光互补发电系统为基础,具有电力输出稳定、经济性高、也解决了太阳能发展中对电网冲击的影响。这就意味着,新型垂直轴风力发电机完全可以规避以往风能利用设施的尴尬境地,实行分散安置于公共设施的方式,并且可以与供电网络直接相连,在满足自身能源代谢的同时,还能在电力富裕时将多余的电能供给周边设施。它从创新公共设施设计的角度为未来城市的能源问题提供了完美的解决方案。

2) 风力发电皮肤,风力发电皮肤的构想是将风力运用到了极致,它使风力发电更容易获得而且无处不在。各种各样的系统微型涡轮交织在一起,形成一个几乎可以弯曲成任何尺寸和形状的表面层。风力发电皮肤可以轻松地附着在设施形态外层,如果我们能用风力发电皮肤替代现有道路中间的阻隔栏杆,就能在实现其阻隔功能的同时利用汽车行驶所产生的风力带动其运转产生电能。假设我们能集中把这些能源存储起来,最后集中供给电动汽车充电,那么现今困扰我国大中型城市的汽车能耗问题就会有一定程度的解决。

2. 太阳能

太阳能发电就是利用光电效应将太阳能转换为电能。太阳能是真正取之不尽、用之不竭的能源。照射在地球上的太阳能非常巨大,大约40分钟照射在地球上的太阳能,便足以供全球人类一年能量的消费。而且太阳能发电绝对干净,不产生公害。所以太阳能发电被誉为是理想的能源。要使太阳能发电真正达到实用水平,一是要提高太阳能光电变换效率并降低其成本,二是要实现太阳能发电同现在的电网联网,如图8-2-2所示。

(1) 太阳能的优势包括以下几点。

1) 无枯竭危险。

2) 绝对干净(无公害)。

3) 不受资源分布地域的限制。

4) 可在用电处就近发电。

5) 能源质量高。

6) 获取能源花费的时间短。

(2) 太阳能的劣势包括以下几点。

1) 照射的能量分布密度小,即要占用巨大面积。

2) 获得的能源同四季、昼夜及阴晴等气象条件有关。太阳能因为其特殊的能源性质决定了其必将很大程度的受昼夜、晴雨、季节的影响。

(3) 技术的体现载体。

1) 铝箔太阳能电池这种新型太阳能电池,每一单元是直径不到1mm的小珠,它们密密麻麻的规则分布在柔软的铝箔上,就像许多蚕卵紧贴在纸上一样。在大约$50cm^2$的面积上便分布有1700

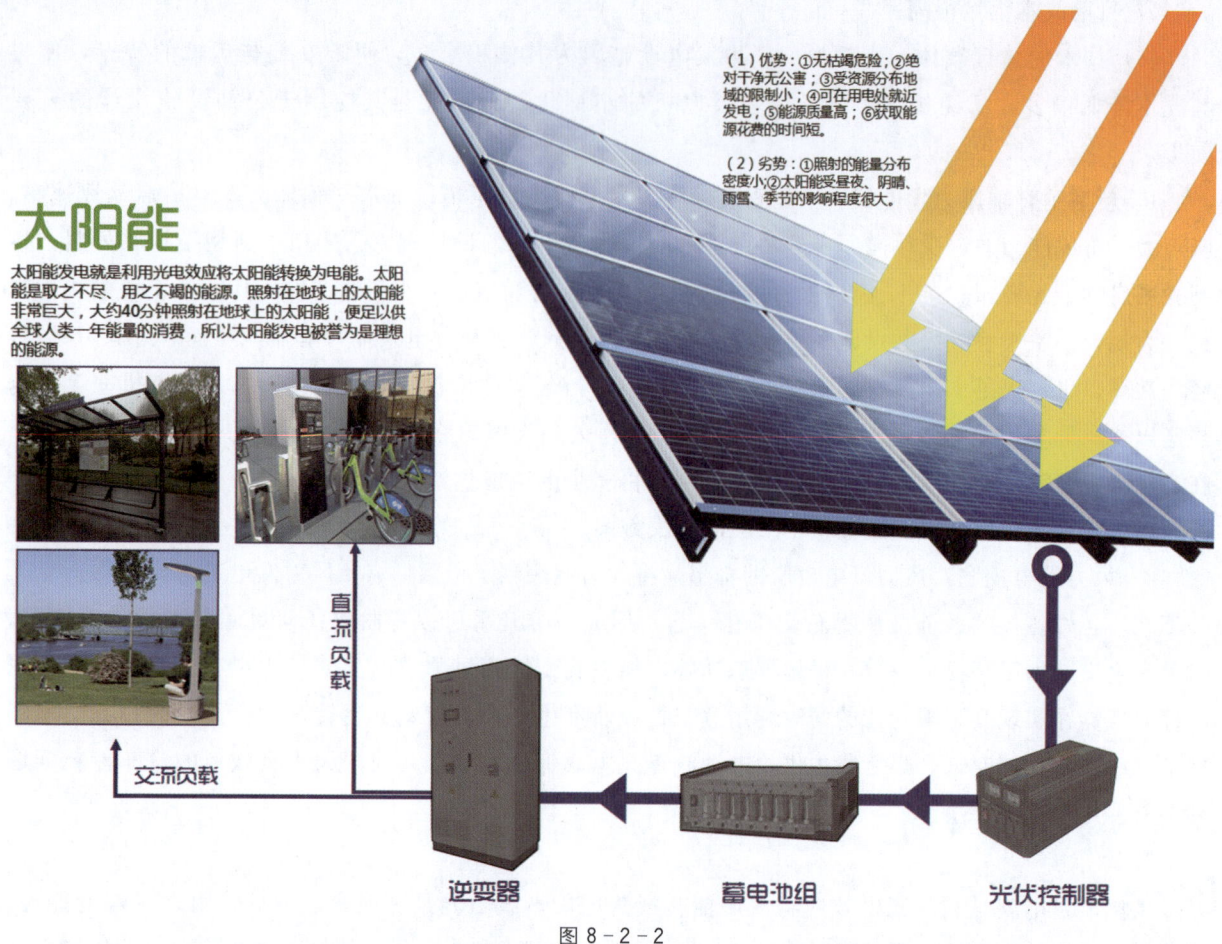

图 8-2-2

个这样的单元。这种新型太阳能电池虽然能源变换效率只有 8%～10%，但价格便宜。而且铝箔底衬柔软结实，可以像布料一样随意折叠且经久耐用，挂在向阳处便可发电，非常方便。使用这种太阳能电池，每瓦发电能力的设备只要 6 美元，而且每发一度电的费用也可降到 14 美分左右，完全可以同普通电厂产生的电力相竞争。如果将这种太阳能电池安置在诸如公共候车亭的广告牌位置上，那么每年就可获得 2000kW·h 左右的电力。况且适用于安置铝箔太阳能电池的公共设施远远不止广告牌一种。

2) 风电与太阳能互补系统。由于时间性与地域性因素的约束，大多数设施很难全天候利用太阳能或者风能资源。而太阳能与风能在时间上和地域上有很强的互补性，白天光照强时风力小，夜间光照弱时，风能由于地表温差变化大而增强，太阳能和风能在时间上的互补性是基于生态能源系统的公共设施资源利用方面的最佳匹配。该系统节能环保、取之不尽、用之不竭。我们可以预料，风电互补系统设施必将大规模的取代现有的供电道路照明设施。

3. 生物能

生物能是指生物在生长过程中的能量代谢差值。提供生物能的途径主要有三种，即热转换、生物转换和物理转换，这些方法都需要配置和设计各种各样的化学反应器。将生物能转化成为生物电能则有两种途径，一方面可以利用生长中的生物新陈代谢产生的能量转换为基础，并将其转化成电能。另一方面则可以以燃烧秸秆产生气体、液体或固体燃料形式提供生物燃料或者用于发电和供热。

(1) 生物能的优势包括以下几点。

1) 可再生，永不枯竭。

2) 转化形式多样，涵盖面宽泛。

3) 培育周期短。

4) 装机规模灵活。

(2) 生物能的劣势包括以下几点。

1) 占用土地面积偏大。植物能源不但会抢夺人类赖以生存的土地资源，更将会导致社会不健康发展。

2) 容易形成过度繁殖。动物能源的开发和使用具有同样特性，如大规模开发必将导致区域地面表层土壤环境遭到破坏，必将引起再一次生态环境变化。

(3) 技术的体现载体。

1) 例如树木发电，把电极插入树木中以获得电力，听起来有点天方夜谭的想法现今已经被科学家变为实现。在树木自身新陈代谢的作用下，树木和附近土壤中pH值不同，利用这个pH差值就可以产生电流。然而，为解决树木产生电流太微小的问题，他们设计了一种电压提升转换器，用来储存树上产生的电流能源，待储备足够的能源后，就可以定时释放出1.1V的电压。并且随着时代的发展，电子元件会越来越小，耗能也会越来越低。相信，在不久的将来树木电能一定会被广泛地应用到周边植物资源丰富的公共设施设计上。比如，我国南方气候温暖湿润，光照充足，许多街道公共设施周边有大量的树木与植被。我们是否能够利用这一新技术的特点，将这个理论与我们周边的公共设施结合在一起进行系统性的关联设计，利用树木产生的能源，依托于公共设施这个载体为人类提供服务。

现阶段人们在工作之余更加崇尚回归自然的休闲方式，伴随着人们远足出游活动的增多，树屋的理念逐渐被驴友们所提及，树屋是一类安置于野外树林之中，为旅行者提供相关便利的半封闭式公共设施。其可以在一定程度上满足人们诸如求救、睡眠、保暖、就餐、补给等与野外旅行相关的需求，但是树屋相对孤立的分布使得能源供给问题一直是困扰其发展的制约因素。树木发电设施的出现真正为我们在这一领域的设计打开了思路，通过树木发电技术，我们完全可以依靠大自然来帮助我们，实现树屋配套设施的能源供应。我们如果可以依托于树屋周边丰富的丛林资源，同时在树屋周围的多棵树木上安置树木发电设施，再将它们作为一个能源系统与树屋相连，就可以轻松为树屋提供电力供应。这种能源供给方式不但简易，实用，环保而且顺应了人与自然和谐共生的理念，让人们在亲近自然的同时，也通过现代化的载体（树屋设施）真正意义上享受到来自于大自然的馈赠，这是一个极具研究价值的课题，如图8-2-3所示。

2) 利用生态能源的理念与城市照明系统相关知识的契合构想：该设计是一种全新的低能耗城市路灯体系，是建立在模块化的小型H轴风力发电设施基础上的。首先在道路两旁以及护栏设施设计上增加风力发电模块（小型H轴风力发电设施和与之配套的传感器），该模块通过汽车驶过时所产生的风能，带动其发电并带动红外感应系统。当没有车驶过时，路灯处于待机状态，此时低能耗的LED照明将作为主要的照明方式。当有车驶过时，由感应器开启汽车行驶前方几盏路灯的氙气照明为汽车提供足够的光线，随着汽车的驶过，氙气灯照明依次关闭并且转回LED照明继续工作。通过这样的设计既实现了路灯的照明功能，又能在很大程度上解决路灯的闲置能耗带来的城市供电压力，不失为一个明智之举。很多公共设施都能通过这种方式成为生态能源的载体，如图8-2-4所示。

图 8-2-3

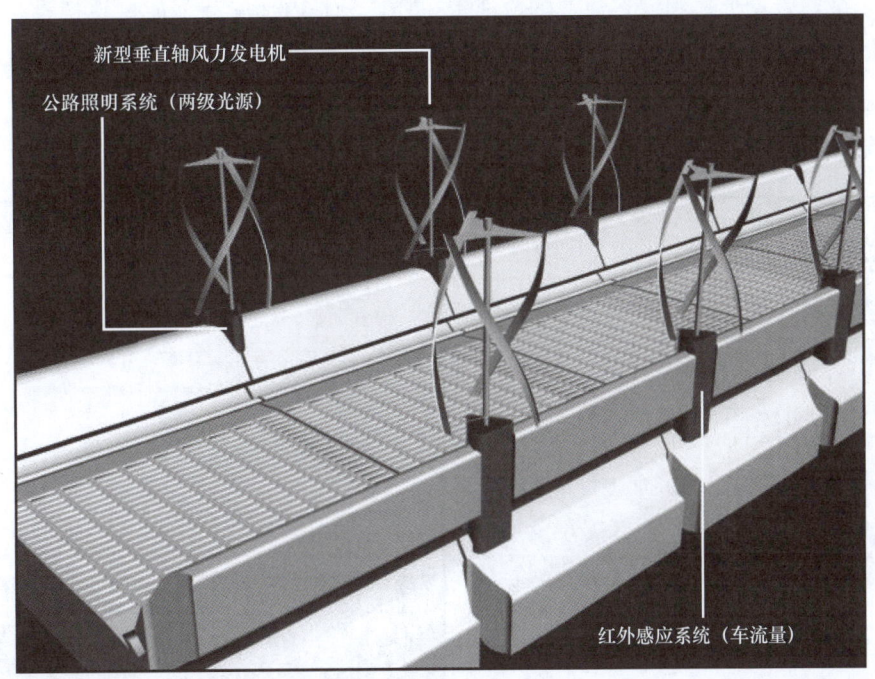

图 8-2-4

4. 其他能源

这里所指的其他能源主要是指，通过自然界的其他能量转化所产生的可被我们所利用的能量。比如，人体的热量，车轮压榨地面所产生的机械能，气流摩擦空气产生的热能以及潮汐能等。虽然这些能源本身都是通过其他的非生态能源转化而来的，但它们其实都属于生态能源的范畴。介于对能源利用效率的考虑，如图 8-2-5 所示。

图 8-2-5

（1）机械能转化。

机械能是动能与部分势能的总和，这里的势能分为重力势能和弹性势能，这些能量普遍存在于我们的身边并时刻发生着转换。就拿汽车行驶对路面产生的挤压作用来说，我们能否利用汽车经过减速带时，所引发的减速带自身形变（这一能量转换过程）来服务于公共设施设计呢。答案是肯定的，

Safe Hump 安全减速带看上去和现在通常的减速带一样，只是内部安装了能量转换设备和 LED。白天汽车通过减速带时的机械能，被转化为电能储存起来。到了夜晚，这些电能将点亮 LED，远远地就能提醒司机减速通过，对人对车都会安全许多。最重要是，其为我们所提供的这一切便利我们都不必为此耗费丝毫能源，如图 8-2-6 所示。

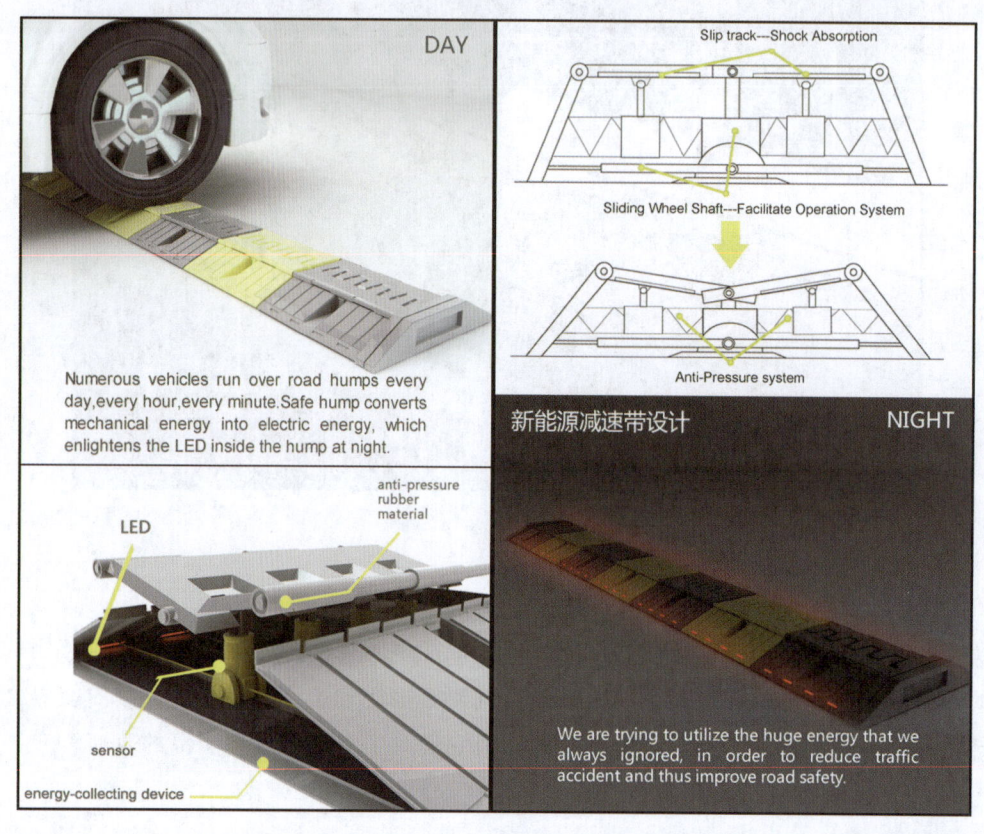

图 8-2-6

（2）LED 技术。

LED 以发光二极管作为光源，因为其是一种固态冷光源，所以具有无污染、耗电少、光效高、寿命长等特点。LED 照明技术凭借着超低的热量生成与能耗代谢，近些年来被广泛应用到工业产品，建筑，生物化工等领域并取得了相当大的成果。但是，因为现阶段 LED 的照明亮度极为有限，特别是其光线穿透雾气的能力尚且达不到路灯设计的标准，致使 LED 技术还是未能被广泛应用于公共设施设计领域。倘若我们能对其加以合理的应用，我们相信 LED 技术与公共设施的结合设计还是会有相当大的发展潜质。例如，在前文中提及的城市生态能源照明系统设计，正是基于 LED 照明技术与 H 轴风能发电机两个技术理论而提出的大胆构想。

8.3 新观念公共设施设计分析

1. 伦敦街头的多媒体创意垃圾桶

Techno-Pods 是 Renew Solutions 公司为了解决伦敦日益加剧的废报纸回收问题而开发出来的一款非常强大的垃圾箱，或者可以叫它报纸回收站。Techno-Pods 不但可以帮助政府树立良好的形象还为市民提供了许多非常便利的服务。垃圾箱两侧的 LED 屏幕能够不断滚动播报当日的新闻事件、告知天气情况、显示地铁延时信息还有公共自行车可使用数量等重要的公共信息，所有这些信息也都由一群专门的人负责更新，这样一来完全颠覆了以往垃圾箱在人们脑海中的印象，使传统概念的垃圾箱成为城市中另一个不可缺少的传媒载体。强化的玻璃钢材料让 Techno-Pods 更加坚硬，如图 8-3-1 和图 8-3-2 所示。

图 8-3-1

图 8-3-2

2. 英国伦敦铝制折纸亭

伦敦的 Make 工作室在亭子的设计上做出了一些不同寻常的尝试，他们的灵感来自于古代日本折纸工艺。铝制的亭子坚固耐用，可以方便开启和关闭，就像一个折纸扇。折纸亭采用预制技术，亭子方便移动，而且可做多种用途，最早出现在伦敦的金丝雀码头。

为了开发设计这一特殊结构，Make 工作室做了一些基于折纸形状的模型。而现实中的结构则是坚固的回收铝（同 Entech 环境技术有限公司合作设计），这些亭子可以被用来作为饮料零售店，DJ 小屋等。整个结构采用预制技术，并且做了防水处理，表面涂抹弹性粉末涂料，如图 8-3-3～图 8-3-9 所示。

图 8-3-3

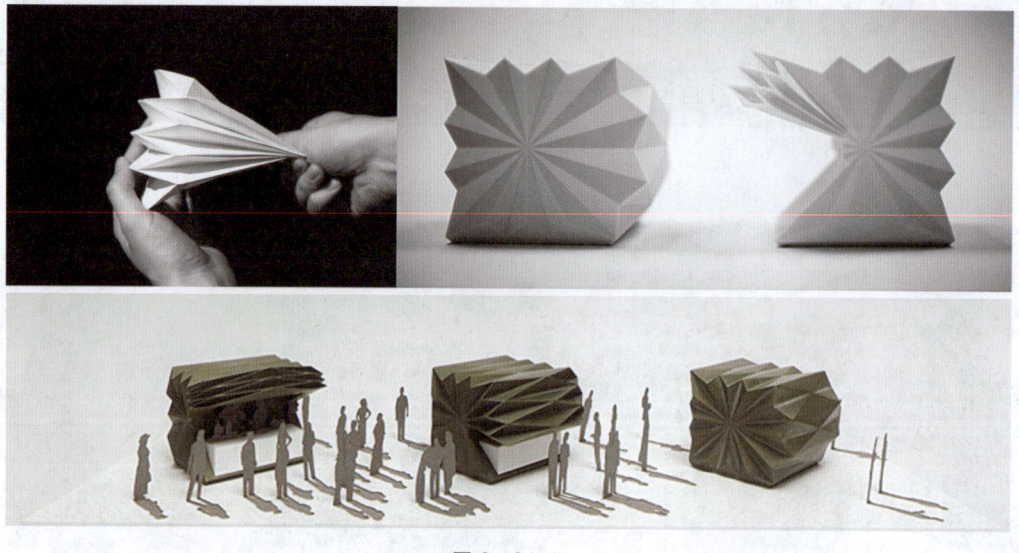

图 8-3-4

图 8-3-5

图 8-3-6

图 8-3-7

3. 应对洪灾的救援设施设计

不管是洪灾还是海啸，夹杂着各种危险物品的水流是最具杀伤力的武器之一。这套应急救援设施可套在街头路灯支杆上，扇形展开后可容纳 4 人左右，里面附带有应急急救包、救援背心等。此外，其内置充气囊，可随着水位上涨而上浮，提升受灾群众的生存率，如图 8-3-10 所示。

4. 人造风力发电树

要采用风力发电，就需要该地方有定向和稳定的风力，而大多数地区风力和风向都不稳定。如果想将这些碎片化的风力资源化零为整，这里设计的人造风力发电树就是非常好的选择。法国巴黎一个由工程师组成的科研组研发出一棵风力发电人造树，这家新兴公司的创办人杰罗姆·米肖·拉里维埃表示："那天一点风也没有，我在一个广场看到树叶在抖动，于是产生了这种发电想法，我认为能量必定来自某个地方，然后被转变成电能。"

图8-3-8

图8-3-9

第 8 章 ◎ 新观念公共设施的创新设计

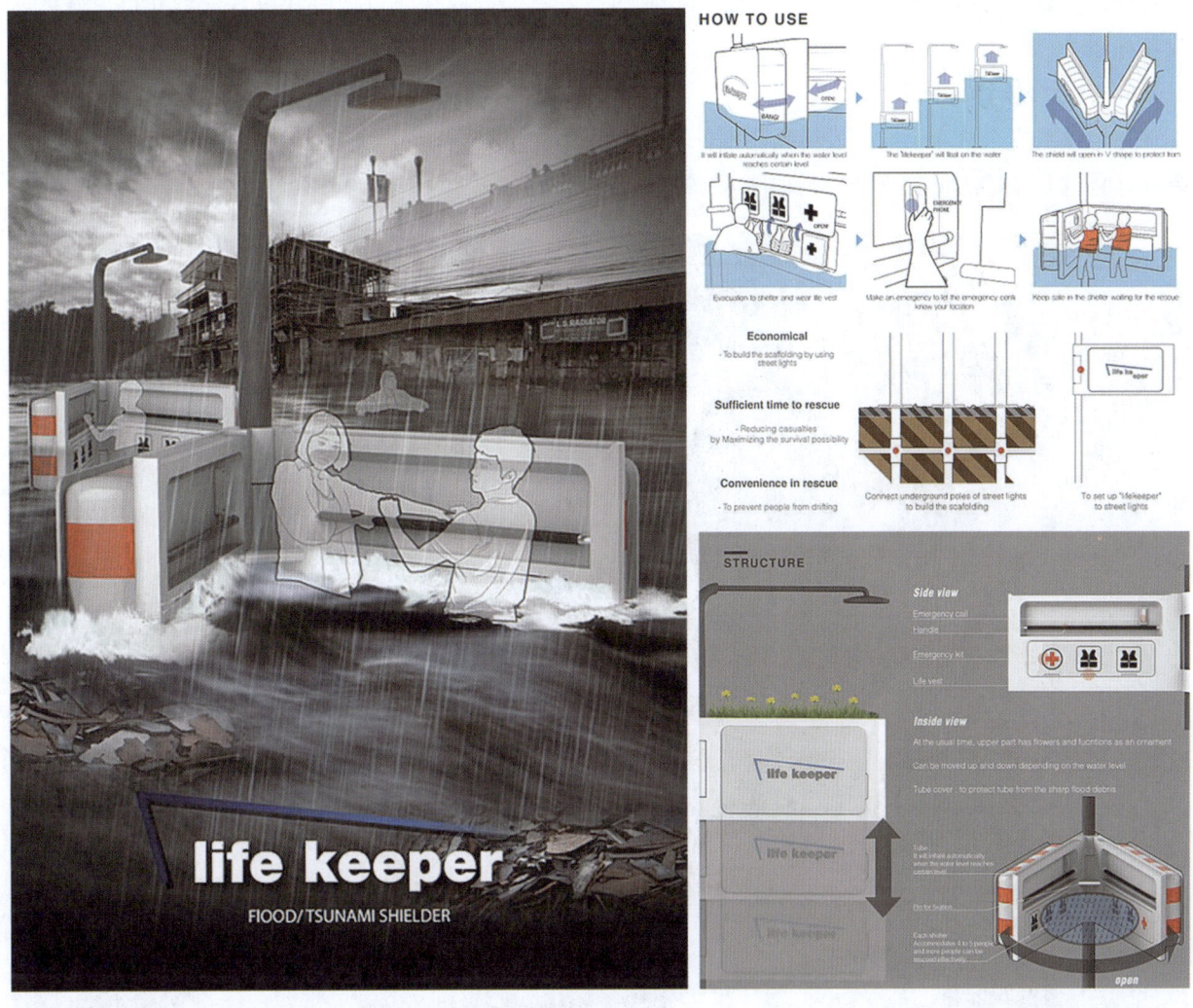

图 8-3-10

它利用人造树叶内的小叶片发电不管什么风向，它都可正常运作。另外，它的一个重要优势是发电不会产生噪声。这个科研组经过 3 年研究，研发出一个 26in（约合 7.8m）高的风树原型，如今安置于法国西北部布列塔尼地区的普勒默尔-博杜社区。拉里维埃希望，这种新的发电装置最后用于人们自己的家中和市中心。它的外形就像一棵挂满大绿叶的大树，这些"大绿叶"就是 72 个竖向风轮机，只要风速超过 2m/s，风轮机就会转动从而产生电流，为周围的路灯提供电力，一年下来可发电约 3.1kW，如图 8-3-11～图 8-3-13 所示。

5. 超薄折叠椅"Jumpseat"

超薄折叠椅"Jumpseat"的设计理念是让座椅消失，使通行更加方便。传统的活动座位体积让人尴尬的庞大，并造成过道之间距离狭窄。不管是在阶梯教室、剧院或者电影院，离场的时候往往难以通行，不得不在拥挤中等待很久。而美国的 Ziba 设计工作室重新设计的这款折叠座椅又薄又靓。依靠钢板的支撑和紧密切割的胶合板创造出一个超越传统的有机折叠机制。打开时宽度足够，坐起来舒适，折叠上宽度不超过 4in。使它可以瞬间"消失"的座椅"Jumpseat"，支持手工快速便捷的安装，并能够方便的更换可定制座套毛毡以进行清洗。

这项设计的关键在于选用了韧性极佳的材料，使得当你离开座位时它可以迅速还原合拢。整体的设计简洁美观，同时也兼顾了座椅的舒适性，而通行效率的提高也可以使听众或观众们获得更好的体验，如图8-3-14和图8-3-15所示。

6. 安全锤设计

在地铁或者公交车上时有发生紧急事件，将扶手的功能拓展，一物多用，使乘客手里拿着安全锤乘车，也许是个聪明的创意想法，如图8-3-16所示。

图8-3-11

图8-3-12

第8章 ◎ 新观念公共设施的创新设计

图 8-3-13

图 8-3-14

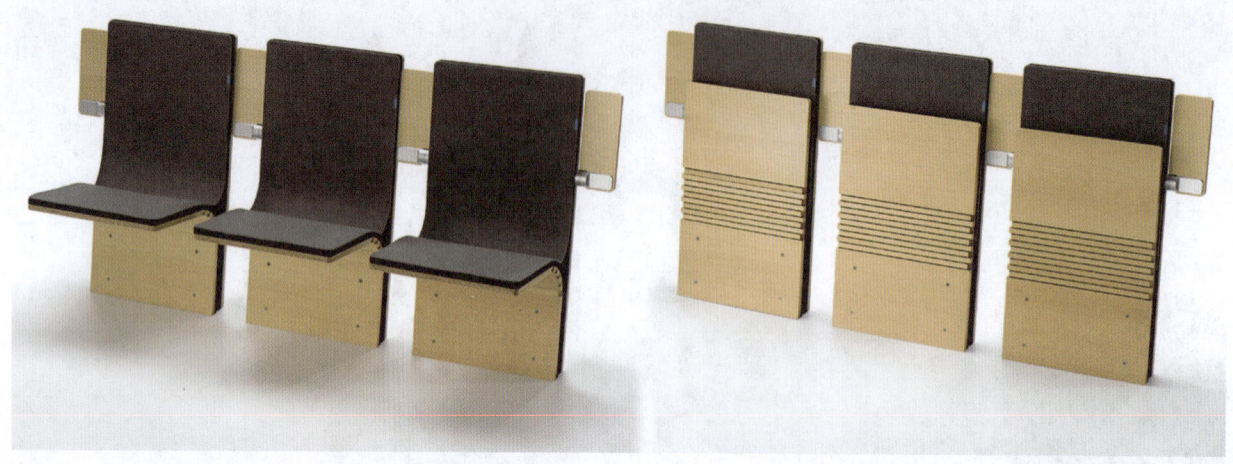

图 8-3-15

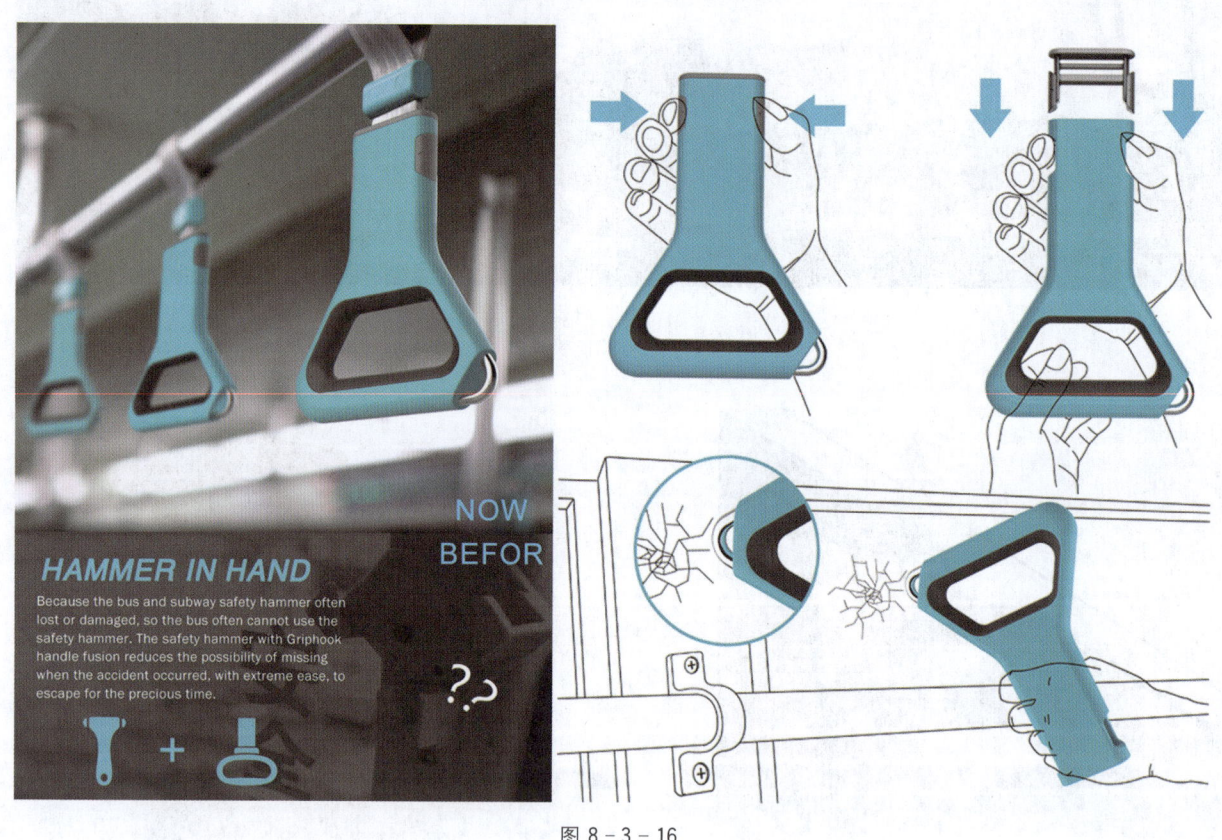

图 8-3-16

7. Parking Meter 智能停车收费表

这是一个智能停车收费表的概念设计，它操作起来比较简单，它会投影出一个虚拟的车位，当你有车停进来的时候就会自动计费，它可以用信用卡刷卡消费，也可以是硬币，甚至同步付款应用在智能手机上，它要比人工缴费快得多，而且它是按你停车的实际时间来收费，所以它将是未来发展的一个趋势，如图 8-3-17 和图 8-3-18 所示。

8. 信号灯设计

在繁忙的十字路口，经常会遇到汽车停车不及时，挡住交通信号灯的情况，尤其是一些大型的货

图 8-3-17

图 8-3-18

车和客车。如果行人在看不到信号的情况下，根据汽车停车而盲目过马路的话，很有可能会发生危险。为了让十字路口的交通更加安全，Kyung Ok Jeon 等人设计了这个挡不住的信号灯。它采用了投影的技术，当有汽车挡住信号灯的时候，它会在车身上清楚地映出交通灯的信息，行人就可以确定自己过马路是否安全，如图 8-3-19 和图 8-3-20 所示。

9. 绅士厕所 Gentolet 设计

在商场或一些公共场合，经常有女厕所门口排长队而男厕所却空空如也的场面，因此有人建议加建女厕。而中国台湾台中东海大学就有 2 名学生设计的一个名为"Gentolet"的概念，令男厕的厕格可以与女厕共用。

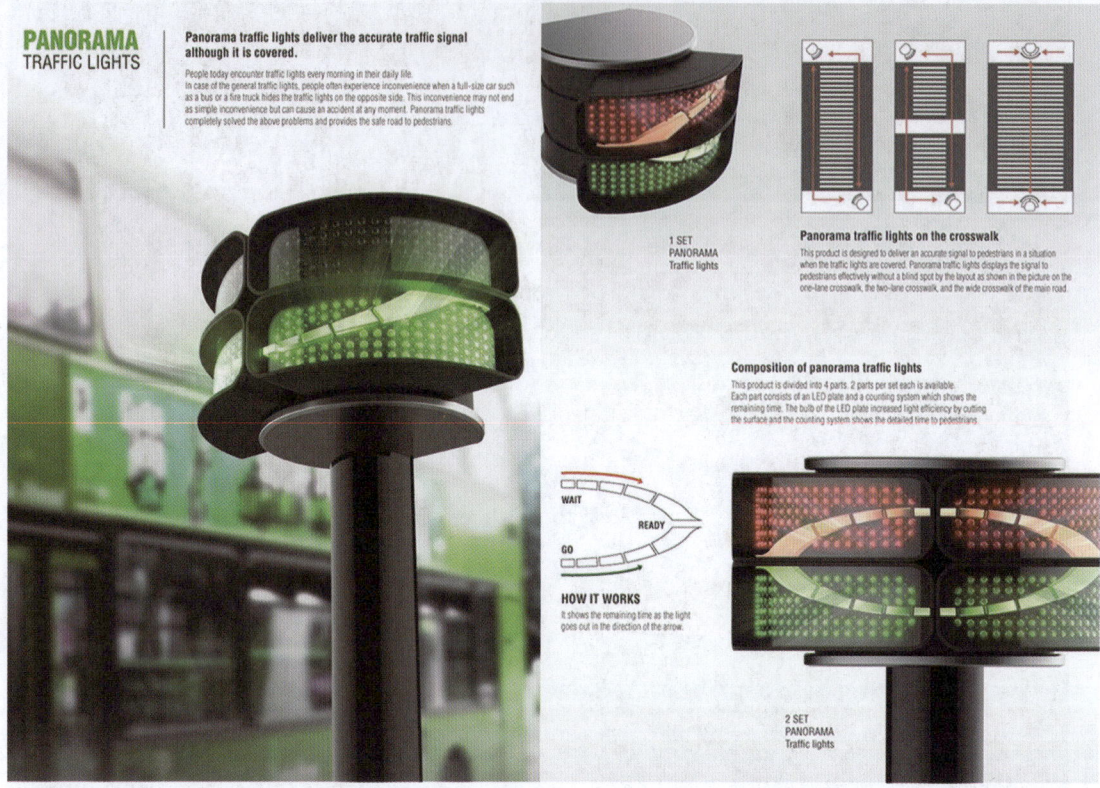

图 8-3-19

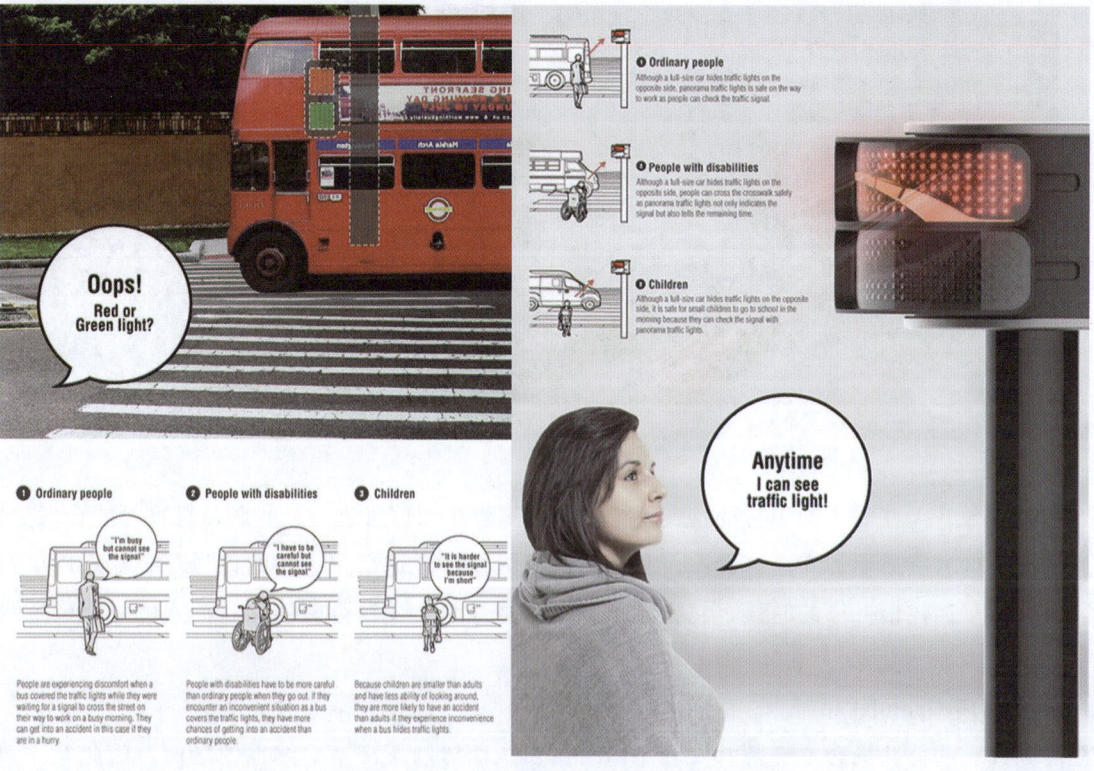

图 8-3-20

这排厕格在男女厕的中间，两边都有门开，只要一边打开或者锁上，另一边就会锁上。这样可以物尽其用，因为男厕好多时候未必有人，而女厕又不够厕位，这样就可以将男厕分出来给女士用。此方案获得2014红点概念设计奖。这样的设计能够解决女士的燃眉之急，极大的提升厕所的使用效率，方案如果实施一定会受到广大女同胞的深爱，如图8-3-21和图8-3-22所示。

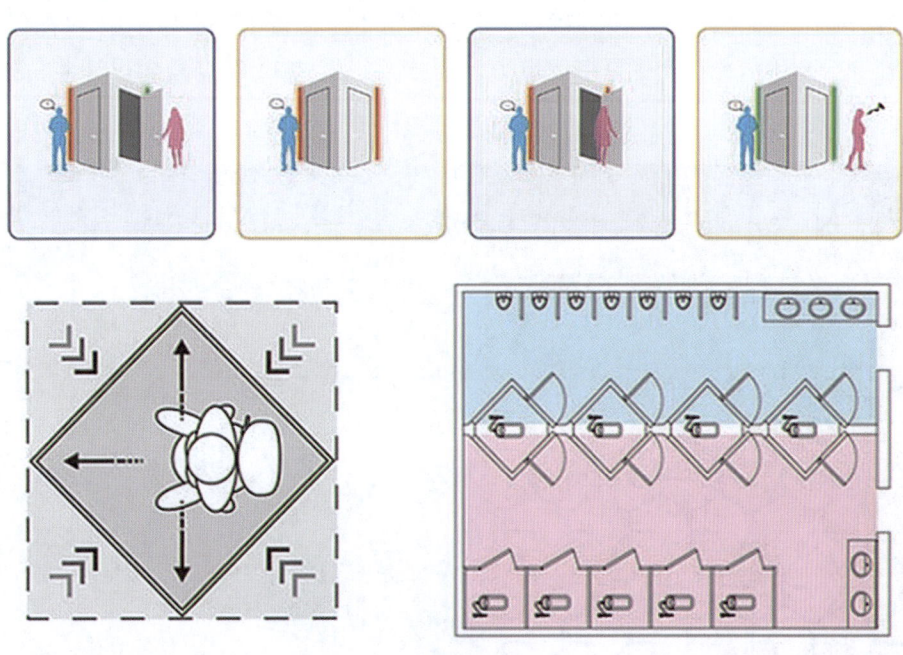

图 8-3-21

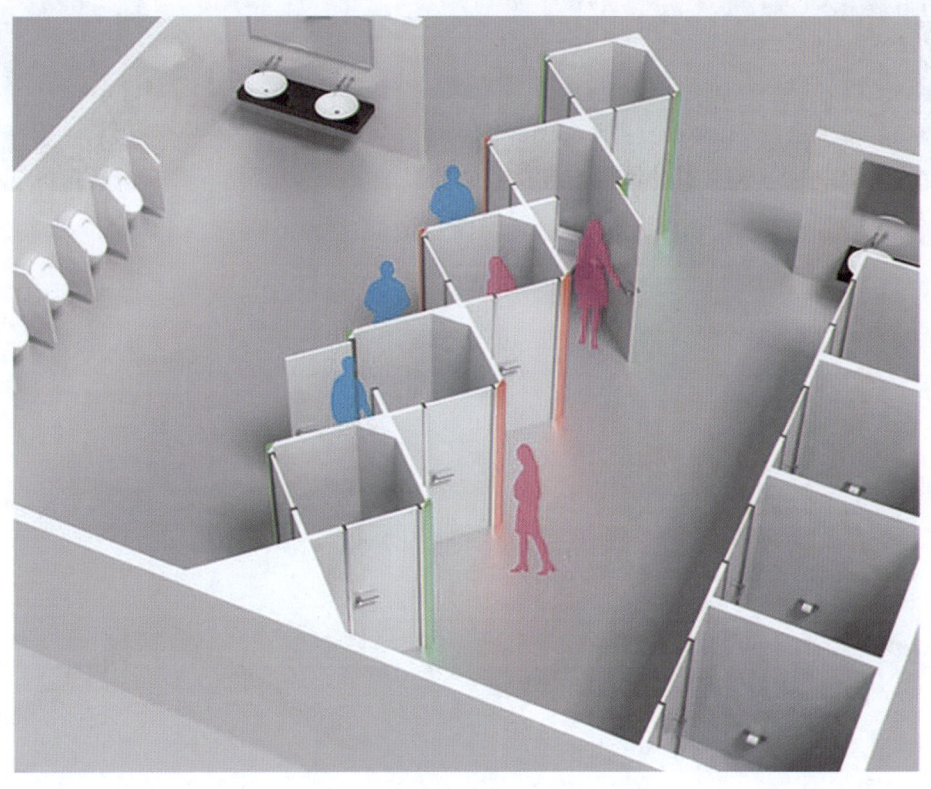

图 8-3-22

10. 创意 LEGO 小风车设计

风是一个很平常的自然现象，有时候它会给我们带来灾难，但如果合理的利用，它将会为我们带来无限的财富。风能是一个非常清洁，非常廉价的资源，为了能够让更多的人更好地利用风能，Emami Design 设计了这个 LEGO 小风车。这是一个非常简洁，小巧的设计，它采用纯白色外壳，看上去非常的洁净，此外，它还可以相互连接在一起，像积木一样搭出一面风车墙，这样既能使之变得更加牢固，又能充分利用风能，产生更多的电力。此方案获得 2014 红点概念设计奖，如图 8-3-23 和图 8-3-24 所示。

图 8-3-23

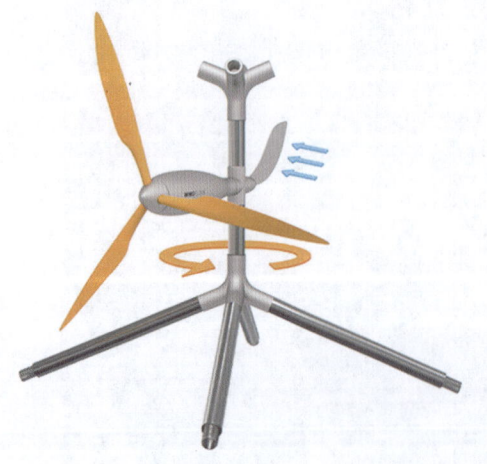 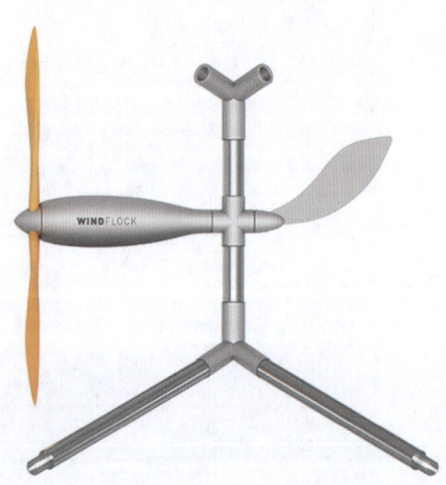

图 8-3-24

11. 竹制环保风力发电路灯

这是由 igenDESIGN 设计的公共照明系统，名为 Flow。整个灯是由小型电动机、LED 点光源和竹子材料组成，竹子搭成的支架加上巧妙的设计，可以让 Flow 成为一个风力发电系统。竹管的一端切了一个口子可以让风推动着旋转从而发电，同时可以将电能传输给竹管末端的 LED 光源，在整体旋转的同时，可以让这些 LED 光源成为一个灯柱，看起来非常的漂亮，如图 8-3-25～图 8-3-27 所示。

图 8-3-25

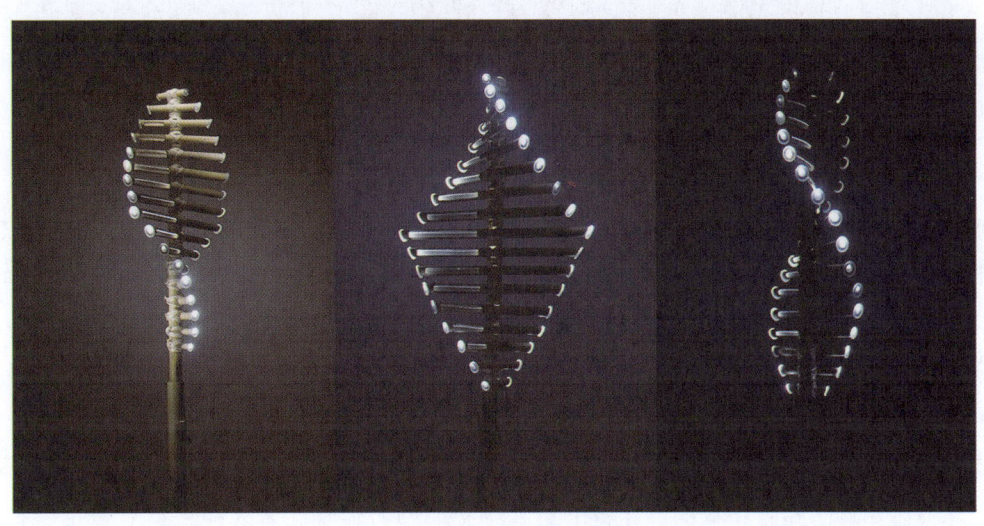

图 8-3-26

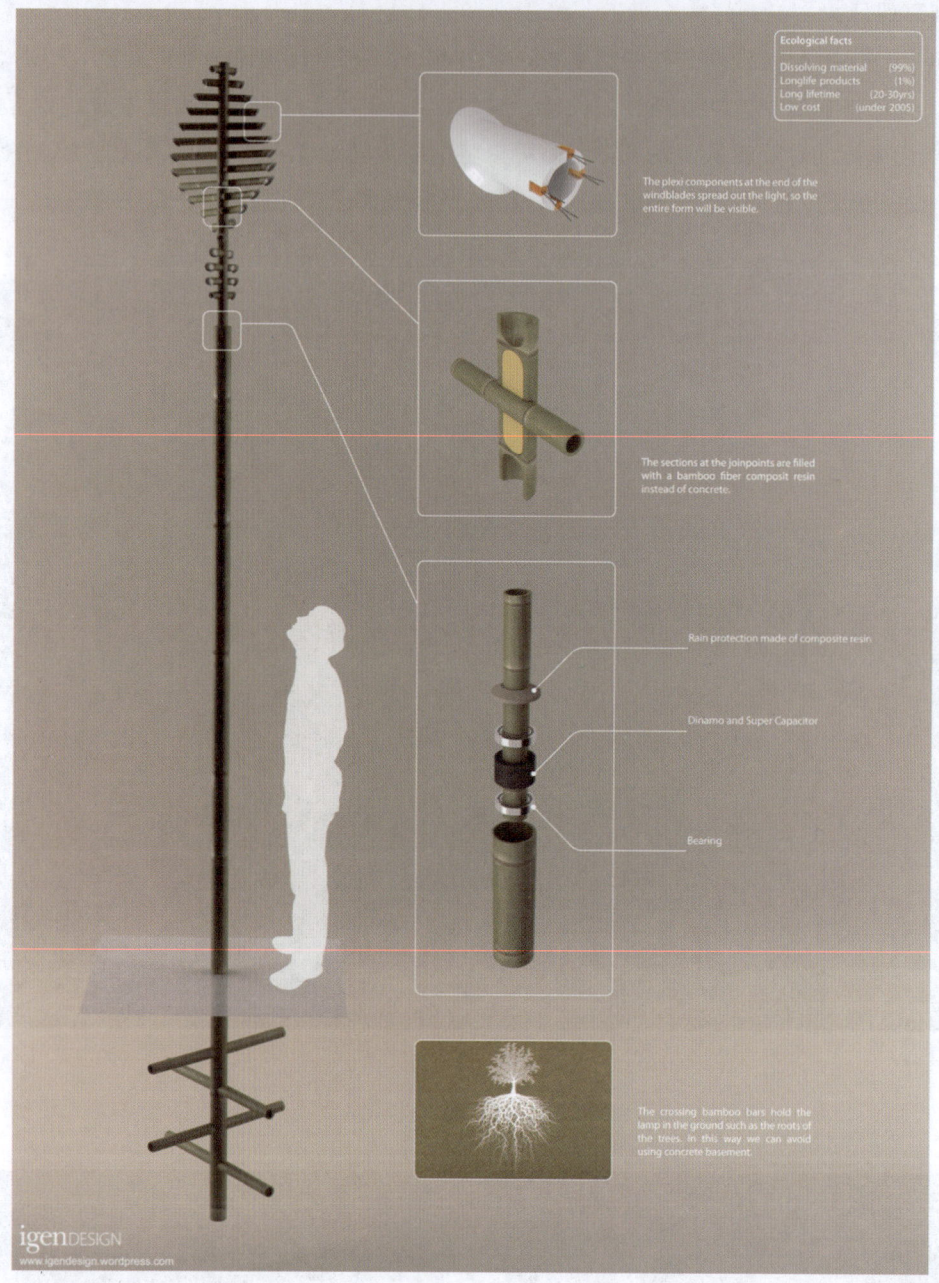

图 8-3-27

12. 创意 LED 环形秋千

在波士顿公园里,有一个由 20 个点亮的环形秋千组成的互动式游乐设施。它内置 LED 灯源,并由加速度计控制,当秋千处于静止状态的时候,它们会发出微弱的白光,当秋千被晃动的时候,白光就会转换成紫色的光。环形的秋千有三种不同的尺寸,可以供人们休息和锻炼,如图 8-3-28 和图 8-3-29 所示。

13. 盾牌灭火器

这个灭火器为盾牌结构,比常规设计多了一个多功能的防护罩。灭火器可以有效地阻挡火浪、烟雾和爆炸,能够在灭火过程中给使用者提供安全保护。必要时它还可以撞击障碍物,充当撬锁利器,如图 8-3-30 所示。

第 8 章 ◎ 新观念公共设施的创新设计

图 8-3-28

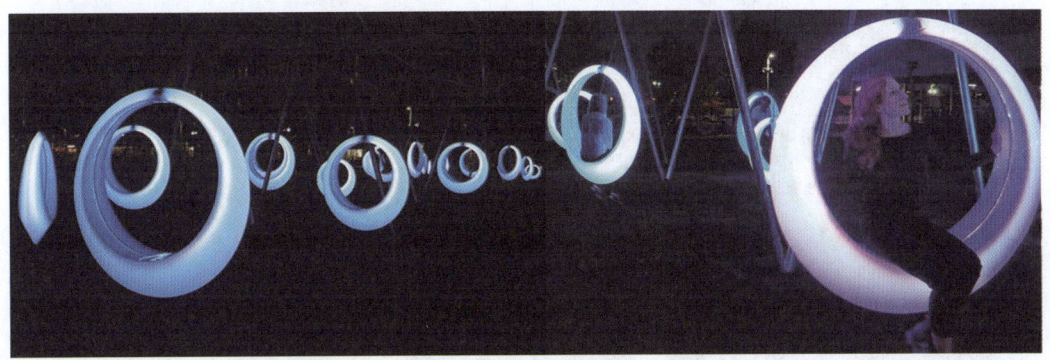

图 8-3-29

图 8-3-30

14. 交互式动态景观灯

交互式设计现在越来越被设计师们所重视，今天要介绍的这个交互式动态景观灯就是其中一个很典型的应用。设计者在这些景观灯里装置了感应系统，使得这些灯柱能根据道路上车流密度的变化而变换灯光效果，类似音乐播放器里跳动的频谱，这些灯柱在感应到车流密度变大的时候就会变得更亮，并且跳跃显示，当车流较少的时候，则比较缓和，相较这种用于公路边感应汽车行为的景观灯，如果把类似设计装置在公园里或者人行道旁，感应行人在周边的活动状态来呈现不同变化，行人的感受或许会更加直接，也许会更加有趣，设计者：Markus Lerner，如图 8-3-31 所示。

图 8-3-31

15. 向日葵太阳能电池板

美国得克萨斯州首府奥斯汀市在高速路与零售商场之间的一空地上安装了 15 块向日葵样的太阳能电池板。这一技术与艺术的结晶，不仅开发利用了绿色可再生能源，也给人们带来耳目一新的印象。晚上，向日葵利用白天吸收的太阳能供给蓝色发光二极管（LED）的照明，在夜色中熠熠生辉。

这款电池板设施的设计师是 Mags Harries 和 Lajos Heder。技术方面，它们白天吸收太阳能，供给晚上蓝色发光二极管（LED）的照明。剩余 15kW 的电力会输送到附近电站，作为这向日葵太阳能电池板的维护费用，如图 8-3-32～图 8-3-34 所示。

16. 紧急救援吊绳设计

城市里高层住宅越来越多，如果安全防护措施做得不到位，一旦遭遇火灾，想要逃生会变得非常困难。这款外形类似手套的设施是一种紧急救援装置，它能够帮被困者安全平稳地从高处着陆。当发生火灾时，被困者只将手伸入其中握住把手，它会自动套紧手腕以防脱手。拉住绳索后，内置的钢缆会慢慢牵引被困者从窗口下落，直至安全着陆，如图 8-3-35 和图 8-3-36 所示。

第8章◎新观念公共设施的创新设计

图 8-3-32

图 8-3-33

图 8-3-34

图 8-3-35

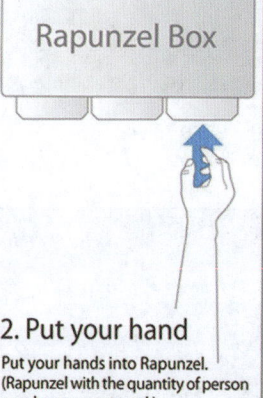

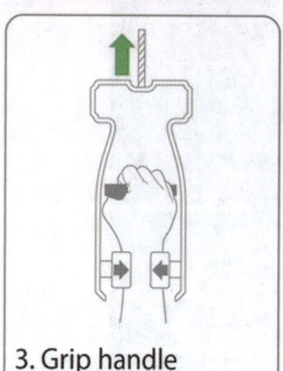

图 8-3-36

17. 为游乐空间设计的自由发挥棒

这是个可供使用者自由发挥的娱乐互动设施，共由两部分构成。第一部分是连接在地下的基础，第二部分是一个长棒，是主要的视觉元素。一个旋转轴将两部分连接，长棒可以在垂直和近乎水平之间任意旋转，旋转轴的螺栓可使它的位置锁定，如图 8-3-37 和图 8-3-38 所示。

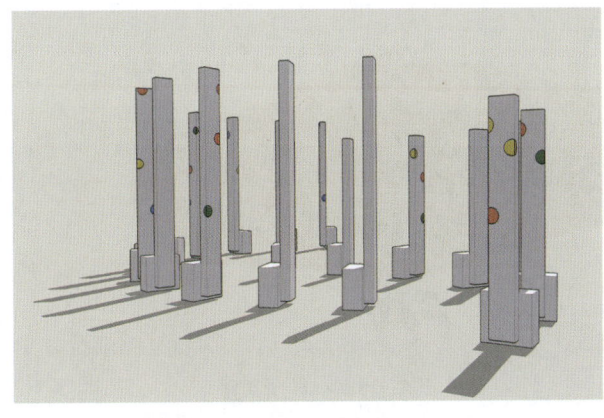
图 8-3-37

图 8-3-38

18. 室外避难指示灯

当你在街道走动的时候，经常会看到避难所的标志牌，虽然它们有很多，但是都不够醒目，所以一旦发生紧急情况，慌乱中人们很难准确发现。但是如果做得太醒目的话，在大多数情况下又会影响正常的生活，所以 Lee Jae Yong 和 Kim Pill Yoon 设计了这个全新的避难所标识，即不会影响平时的生活，紧急情况下又很容易找到。这个设计可以安装在街道两旁的路灯上，在平时的时候处于关闭状态，只是一个黑色的铁环，不会吸引人的注意。但是当紧急情况发生的时候，他就会吹出一个很大的气球，并且发出醒目的绿光，同时发出警报声。这个设计获得了 2013 年红点概念设计奖，如图 8-3-39 所示。

图 8-3-39

19. 漂浮式通讯盒

设计漂浮式通讯盒的初衷来自中国台湾近几年灾难频发考量,因此想到可以利用漂浮式的盒子发射出去成为行动基地台,盒子本身还能利用风力发电,民众身边只要有通讯设备,就可以向外求救,如图 8-3-40 和图 8-3-41 所示。

图 8-3-40

第 8 章 ◎ 新观念公共设施的创新设计

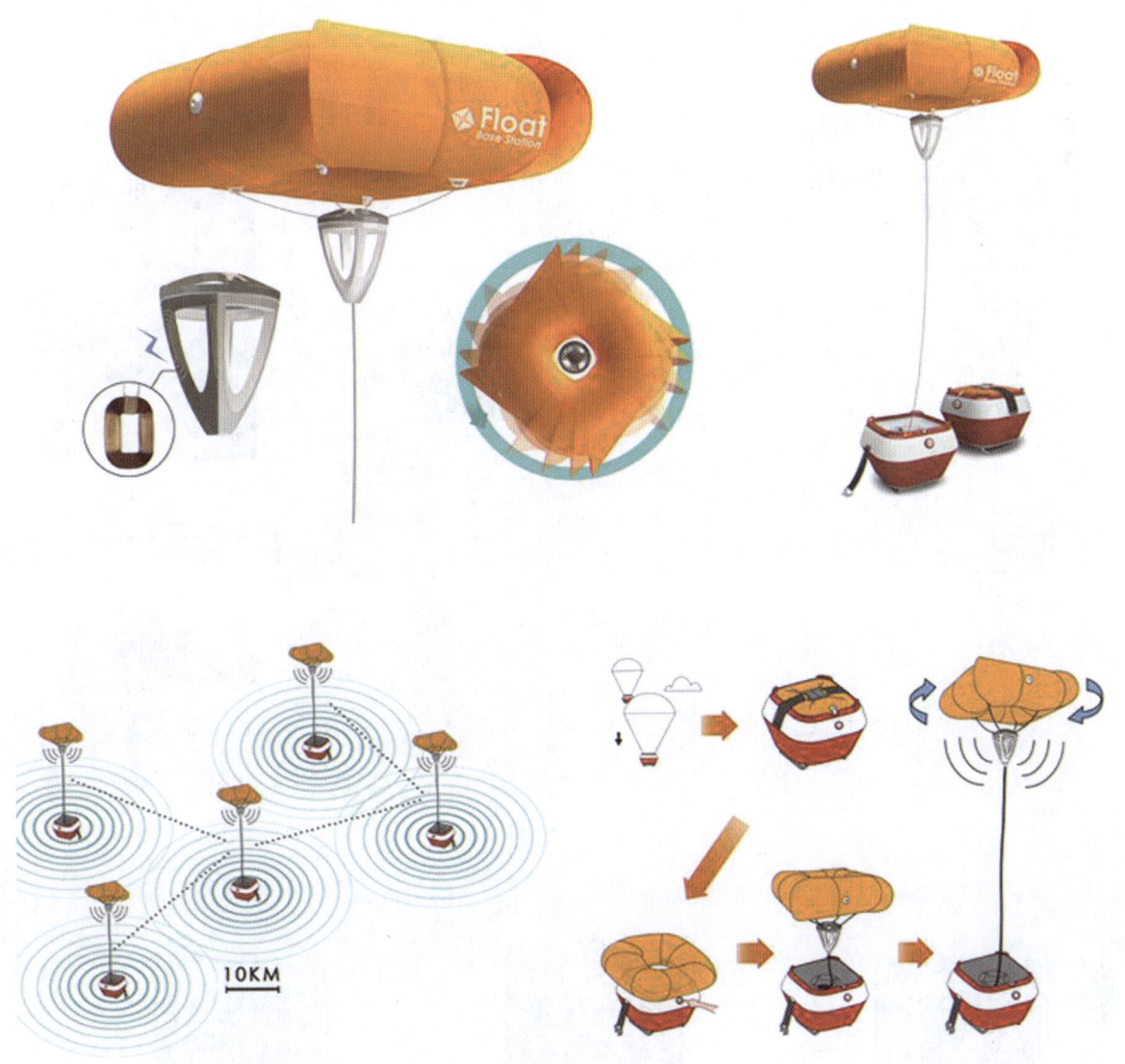

图 8-3-41

20. Hope Ball

一旦飞机在海上遇险经常会失去联系,而在广阔海面上寻找非常困难的,这让救援人员无法在第一时间找到幸存者,浪费宝贵的时间,所以我们开始设计这样东西。当飞机开始迅速下降时,将瓶子丢出舱外,瓶子掉到水中以后,会像浮标一样悬浮在水面上,水会迅速从进水口进入瓶体,储存在里面的电会把水电解成氢气和氧气,氢气会被留在瓶子里,并将上部的球体膨胀,球体上升将储存信息的瓶子带到空中,那么我们救援的飞机和船只就会很快地找到他,并获得遇险的地点等信息,采取措施,如图 8-3-42 所示。

21. 垃圾桶设计

一般垃圾桶的丑陋形象总是在风景秀丽的公园中大煞自然美景。而设计师 Ignacio Ciocchini 为纽约布莱恩公园设计的垃圾桶摆脱了传统的形象,精美易用,驱动人们做一个有责任的市民。垃圾桶有三种变化,分别用于一般垃圾,报纸杂志等纸质垃圾、瓶子和罐子类垃圾的投放。通过造型细节,颜色和投放的狭缝定义了三种垃圾桶的功能,如图 8-3-43 和图 8-3-44 所示。

图 8－3－42

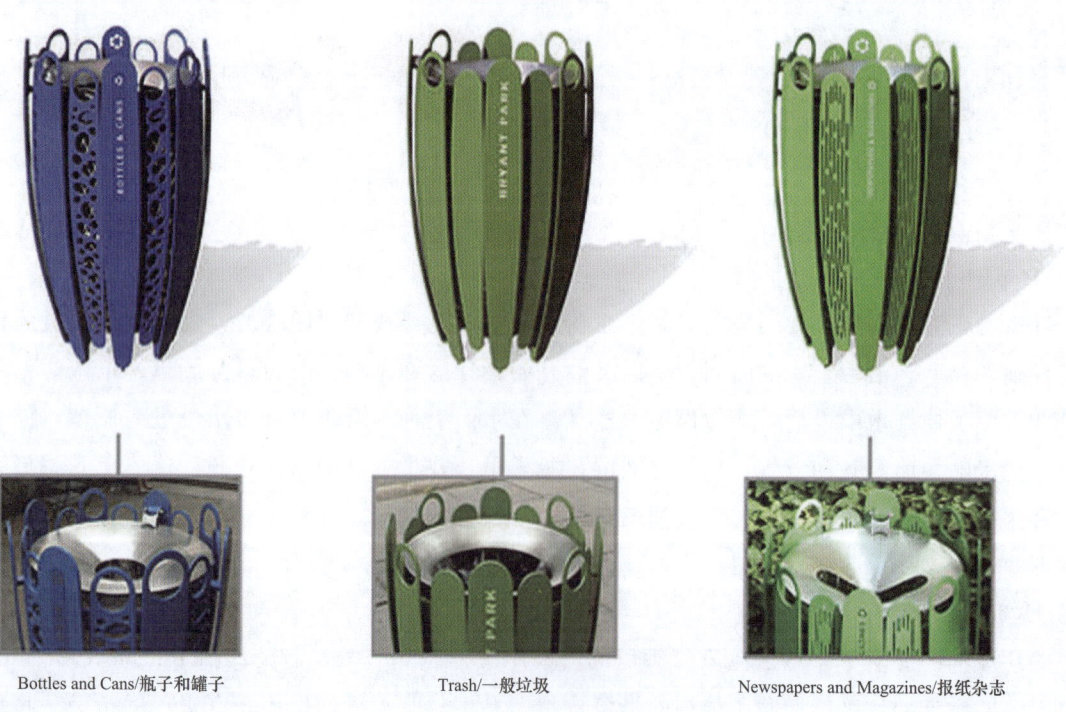

Bottles and Cans/瓶子和罐子　　　Trash/一般垃圾　　　Newspapers and Magazines/报纸杂志

图 8－3－43

图 8-3-44

22. 模块化道路减速带

减速带是通过剧烈的振动，使驾驶人产生强烈的生理刺激以及心理刺激，而达到减速的目的。对于机动车驾驶人员来说，有时通过减速带的颠簸是不必要的。此款减速带，在满足减速的功能外，还从使用者的角度出发，把原有的减速带分割成一个个单体，驾驶员通过仔细观察，使车轮刚好从两个单体间的空地通过，从而避免颠簸，减少对汽车的损害，如图 8-3-45 和图 8-3-46 所示。

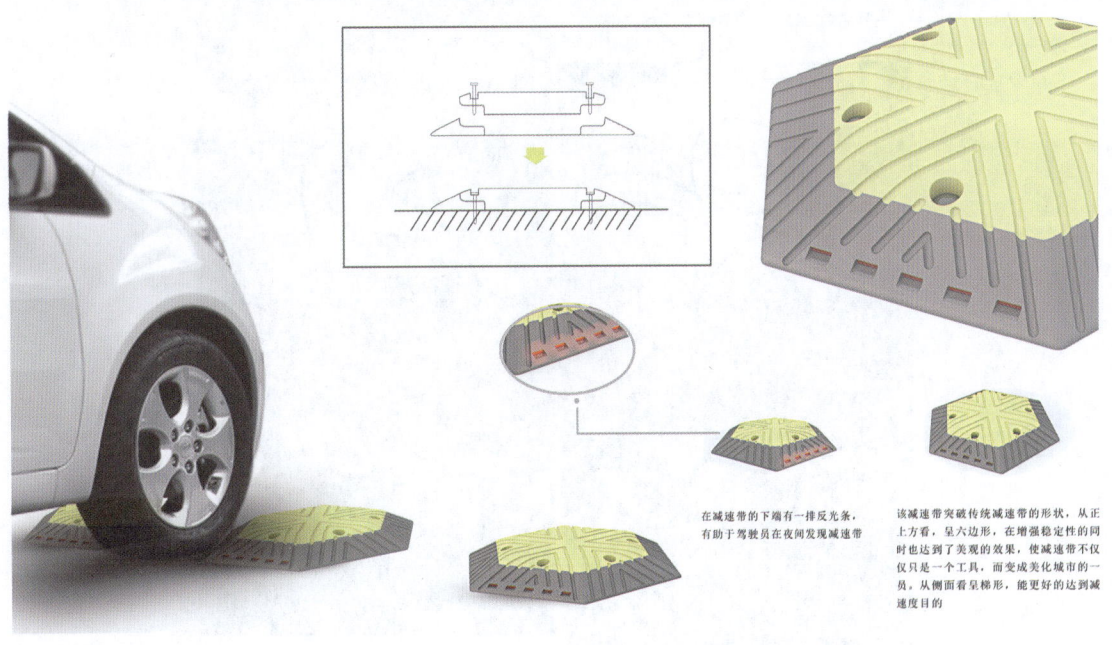

在减速带的下端有一排反光条，有助于驾驶员在夜间发现减速带

该减速带突破传统减速带的形状，从正上方看，呈六边形，在增强稳定性的同时也达到了美观的效果，使减速带不仅仅是一个工具，而变成美化城市的一员。从侧面看呈梯形，能更好的达到减速度目的

图 8-3-45

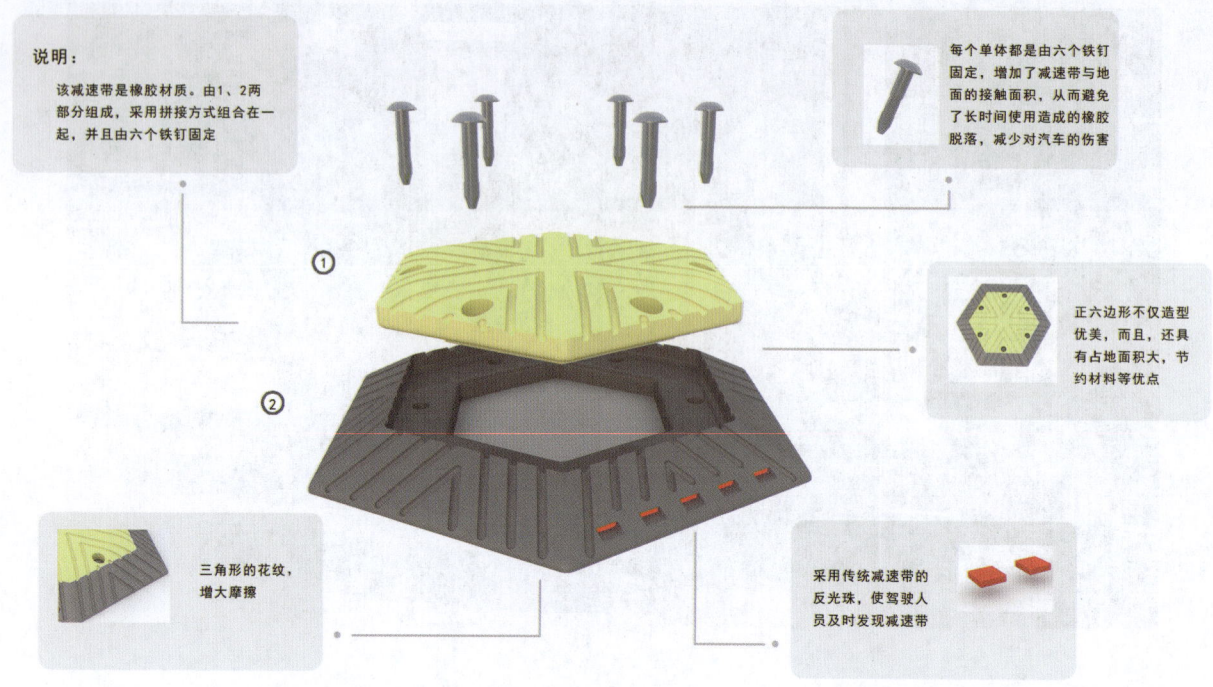

图 8-3-46

23. 检修孔自救系统

此设计应用于城市、乡村的窨井建设中，在窨井盖丢失的情况下，为防止人员意外跌落造成伤亡，而设置的装置。在特殊的情况下，如水灾等自然灾害，自救系统的各个部件可以起到警示、自救等功能，拆装方便、功能稳定，消除窨井事故隐患，如图8-3-47和图8-3-48所示。

图 8-3-47

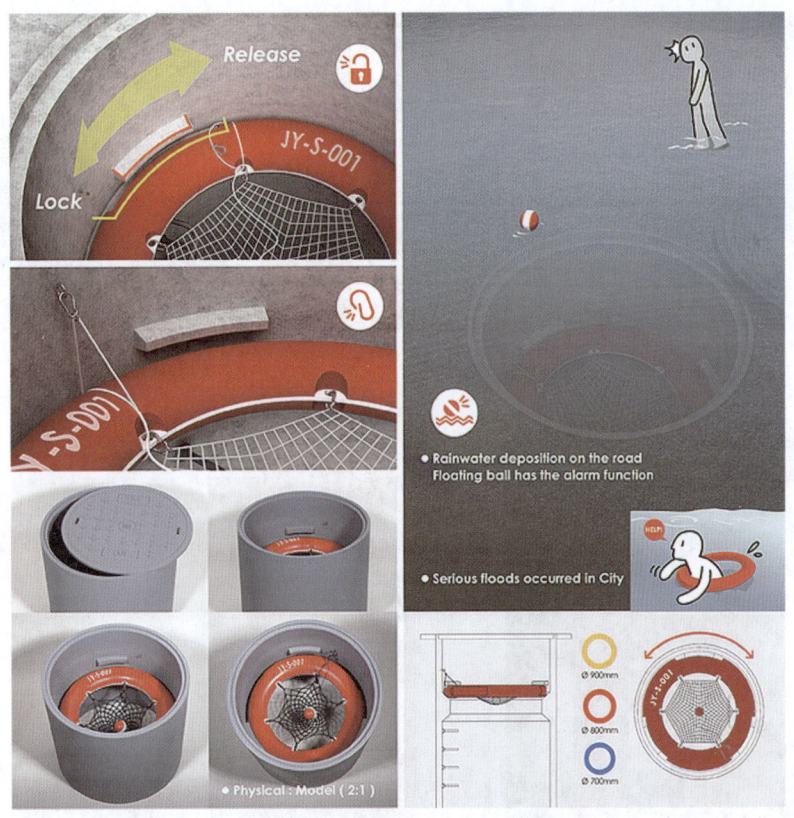

图 8-3-48

24. 声音的互动

小的时候，我们应该都有接触过两个罐子之间连一条绳子，彼此之间可以对话的迷你"电话"玩具。设计师所创造的这个互动游戏，就是以这个迷你"电话"玩具为定位的，形式方面也比较复杂，它不仅仅是通过管道传输声音，也可以通过上面的按钮来进行调整，改变成各种俏皮的声音，以达到娱乐的目的，设计者：Karl-Johan Ekeroth，如图 8-3-49～图 8-3-51 所示。

图 8-3-49

图 8-3-50

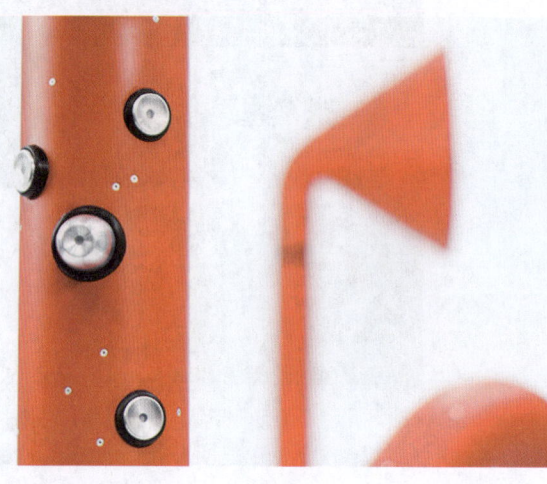

图 8-3-51

25. 安全救生扶手

通常在桥边或栈桥边都有扶手,这样可以防止人坠入河中,但是还有很多人不慎入水,这时候就需要人下河营救,但是对于我们自身来说不会游泳或者条件不足,如果贸然营救,会适得其反。如果在桥边的扶手里设置救生圈,在危及时刻就会挽救人的生命。它内设像气球一样的充气压缩结构,可以瞬间变成一个救生圈,平时不用的时候,可以储存在扶手中,如图 8-3-52 和图 8-3-53 所示。

图 8-3-52

第8章◎新观念公共设施的创新设计

图 8-3-53

26. 温尼伯滑冰场临时庇护所

加拿大建筑事务所 Paktau Architects 为滑冰者们设计了一组临时庇护所,以躲避冬季凛冽的寒风。这个设计是由若干个有机的、圆锥形结构体组成的,每个小棚子同时只能容纳很少的几人。这组临时小建筑位于温尼伯市中心的阿西尼博因（Assiniboine）河面上。这组结构体的背面迎风,内部则形成了一系列保护性空间,让滑冰者可以暂时躲避将近-50℃的严寒天气。每个庇护所都由两层柔软的胶合板组成,这种结构既强韧又能随意弯曲,内部,木质的地面和胶合板座椅为滑冰者营造了一种温暖舒适的空间氛围,如图 8-3-54～图 8-3-56 所示。

图 8-3-54

27. 室外的亭子

美国 Gang 建筑设计室为芝加哥林肯动物园设计的亭子,亭子建在一个 19 世纪建成的池塘边上,池塘周边具有非常丰富的生态系统。建造这个亭子也正是为了创造一个在与大自然更亲密接触中进行工作、学习、娱乐的环境,如图 8-3-57～图 8-3-60 所示。

图 8-3-55

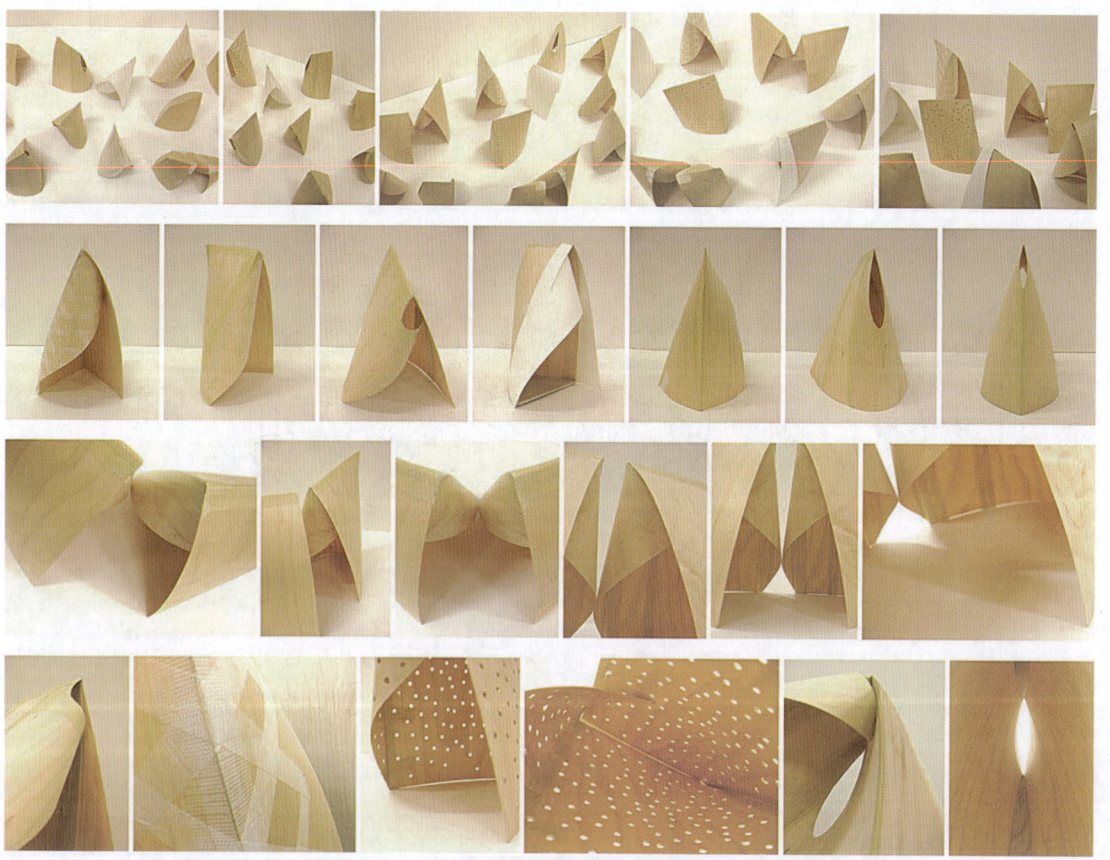

图 8-3-56

28. 空气绳充气救援隧道

在电影或者电视剧中,我们经常可以看到一个场景。当前进的道路被阻断的时候,主人公向对面扔出一条绳子,拴住两头,然后通过这根绳子爬到对面,到达安全地点。但是如果这种情况变成了现实,你真的可以通过一个细细的绳子爬到对岸吗?考虑到救援对象的身体状况和心理素质,也考虑到救援工具的方便快捷,Lee Yong Ho设计了这款空气绳充气救援隧道。这个设备的体积很小,但是在使用时,将空气注入,它就会变成一个长长的隧道,将它固定在两岸,可以让人很容易的通过,如图8-3-61和图8-3-62所示。

图 8-3-57

图 8-3-58

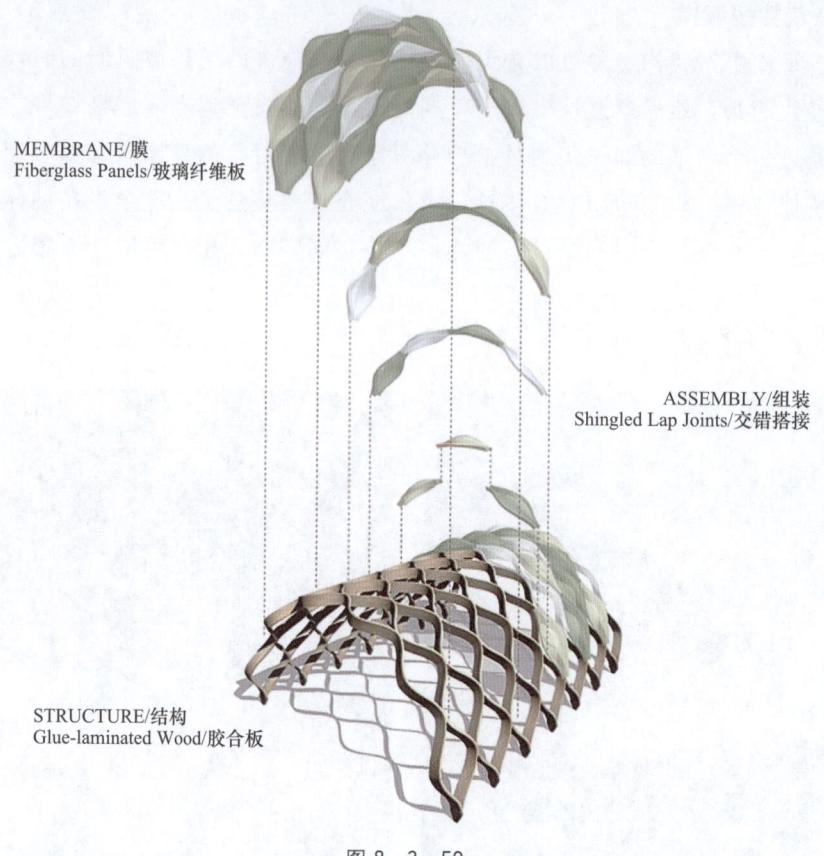

图 8-3-59

图 8-3-60

图 8-3-61

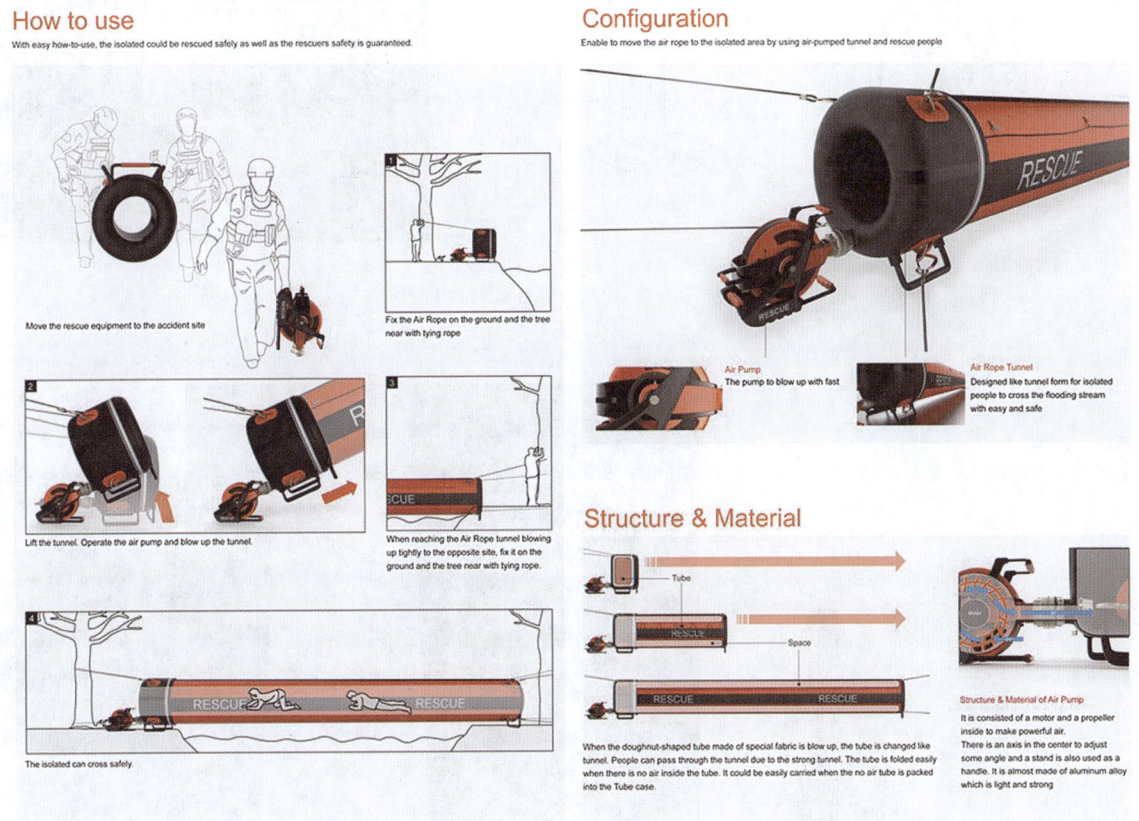

图 8-3-62

29. 多功能路灯椅

现在的公共设施建设的并不是很完善，很多地方需要再加以人性化的设计，设计师 Michael Oechsle 设计了一款独特的公共设施，这是一个将指示牌、路灯和座椅三者结合在一起的设计，最底层为座椅，中层是指示牌，最上层是路灯，电源通过顶端安装的电池和太阳能电池供应，看上非常人性化。

这种路标为短暂停留而设计，因为在商店和其他公共场所已经提供了适合久坐的座位。为了鼓励人们步行，路牌上给出了步行到达周边景点、公交站、地标所用的时间。此外上面还提供了二维码，用来获得地图和更多本地信息。

除了座位和路标导航之外，这种路牌上还安装了 LED 路灯，为夜间行走的路人提供更安全的环境。路灯电源来自路标系统顶部的太阳能电池板，如图 8-3-63 和图 8-3-64 所示。

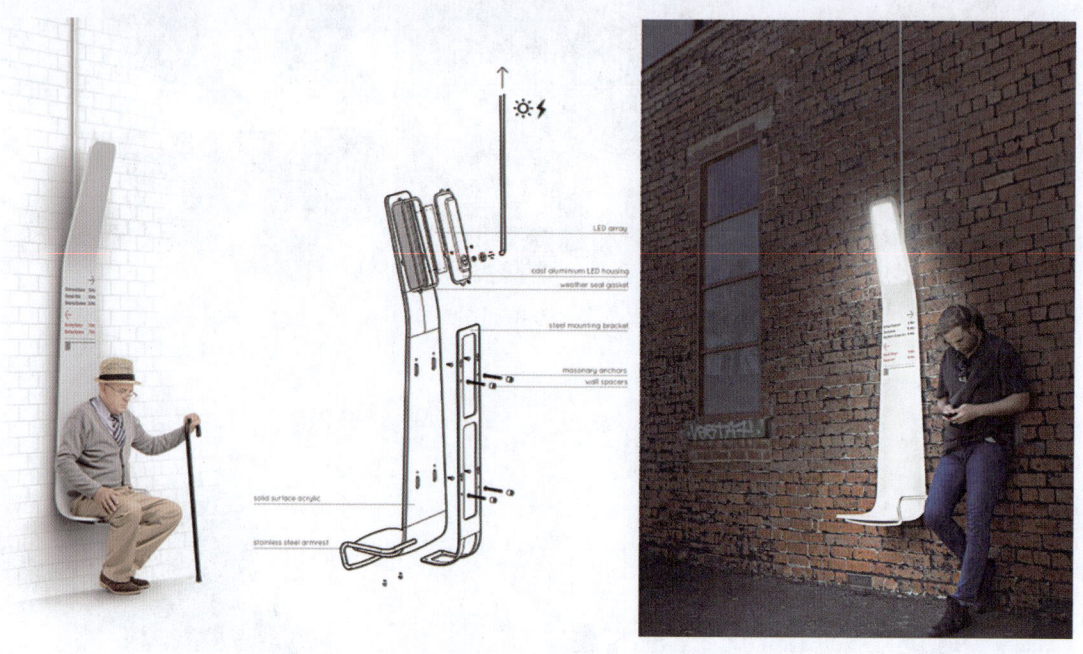

图 8-3-63

图 8-3-64

30. 环保避雨亭设计

法国设计师 Mathieu Lehanneur 最近完成了他的首个城市开发项目，这也是为世界知名的户外广告公司 JCDecaux 专门设计的。这个小亭子的屋顶上覆盖了一层植物，让人联想到公园里大树的树冠。屋顶下方设计了几个转椅，这些用混凝土制作的公共座椅上还配备了迷你桌板以及为笔记本电脑提供的电源插座。同时，在中心位置还有一块触摸屏，上面将实时更新各种城市服务信息，例如指南、新闻和为参观者和旅游者提供的互动标识等。这个设计从顶部观看将有更好的效果，它也将成为一种全新的城市建筑语言，如图 8-3-65～图 8-3-68 所示。

图 8-3-65

图 8-3-66

图 8-3-67

图 8-3-68

复习思考题

1. 简述新观念公共设施设计。
2. 举例说明公共设施设计的新能源包含哪些？

第 9 章

课题训练与设计案例分析

9.1 课题训练

9.1.1 教学目标和要求

公共设施的教学目标就是使学生适应社会发展的人才需求，开拓学生新的设计视野，让学生全面了解当今国内外公共设施设计的发展状况，通过课题训练使学生能充分地认识到公共设施设计是一个全面的、系统的、为人的设计，使学生系统地掌握公共设施设计的方法，从高层次上全面把握公共设施设计与环境的关系，达到对设计对象的有效认识。充分发挥各设计要素的关系，在实践中解决公共设施设计问题。

9.1.2 教学重点与难点

（1）掌握公共设施的概念，明确公共设施设计属工业设计的范畴。其设计手段、制作方法都应具有工业设计的特征。

（2）了解公共设施的单体设计与设施系统规划的关系。

（3）要求学生能熟练地运用工业设计的标准化、模块化的设计语言，在设计实践中得到深化。

（4）在设计公共设施时，我们需要了解人的行为规律，理解人的行为与环境场所的关系，人的行为与空间尺度的关系，这样设计师才能在摆脱技术束缚的同时，"随心所欲"的创造趋于完美的现代公共设施产品，实现人与公共设施的完美交互，使学生能由表及里、深层次地理解公共设施设计，公共设施与人的行为分析比较抽象掌握起来较难。

9.1.3 课题的选择与训练方式

本科阶段的公共设施设计课的教学可分两个阶段来进行。第一阶段是在三年级下学期，这时学生的专业基础课已经完成，进入到专业设计课的训练阶段，学生已经具备基本的设计能力，所以安排140学时的时间来完成公共设施设计教学，由于公共设施课题包括内容太多，通常以单体的设施为训练课题，例如休息设施设计、户外灯具设计、游乐设施设计、城市的导视系统设计、自行车存放功能设计、果皮箱设计等。每次课题可根据学生情况作出选择，课题可以分为2~3个小课题。课题选择的目的是打破最后的单一结果,同时还要注意课题的相关性和难易度,以便把握成绩的评定。第二阶段的公共设施设计教学就是毕业设计,从头年12月开始到第二年的6月中旬(假期除外)就进入毕业设计阶段,毕业设计的时间较长,所以要作出科学合理的进度安排。这个阶段的学生对设计的理解、认识相对深入全面,故可以给学生一定的自主课题选择权,要充分发挥学生的设计潜在的能力,涉及的课题最好要关注热点问题,有前瞻性、富有探索性、能解决实际问题。如公共汽车站的规划设计、轨道交通系统设计、地铁站入口设施规划设计、小区的垃圾回收系统设计、电动汽车充电站设计、小汽车停车场,交通节点设计,课题也由原来的单体设计发展到系统设施设计。好的创意如果没有精良的制作,也不能成为好的设计作品,所以模型的制作要有巧办法,好办法,讲求制作程序和工艺。

9.2 设计案例分析

案例一 路灯式灭蚊器设计(设计者:李婷玉 指导教师:薛文凯)

夏秋两季是蚊子频繁活动的时期,这种小小虫子会给人们带来不少烦恼,它会传染很多种疾病、致人奇痒难忍、影响人们睡眠等。很久以来,人们都习惯于传统的生活方式,喜欢在房间点蚊香熏蚊子,但是,蚊香内含农药点燃时容易灼伤人,并且还带有毒性,因此,本方案希望利用现代科学技术的介入来解决这一问题。

设计初期探讨灭蚊器各种形态,一开始并没有太好的思路,只是反复琢磨形态。由于它有网格的特有性和存储性,最终引发起几个草图设计方案。鸟笼的形态给人一种趣味性,但是功能比较单一,具有一定的装饰性和实用性,方案通过鸟笼的变形及太阳能的应用拓展了设计思路,后期觉得鸟笼的形态过于呆板,转向曲面形态发展。从路灯的角度开始重新思考,对路灯的特点和定义进行了资料收集以及整理,经过大量的手绘图的方案比较,思路逐渐清晰,如图9-2-1~图9-2-3所示。

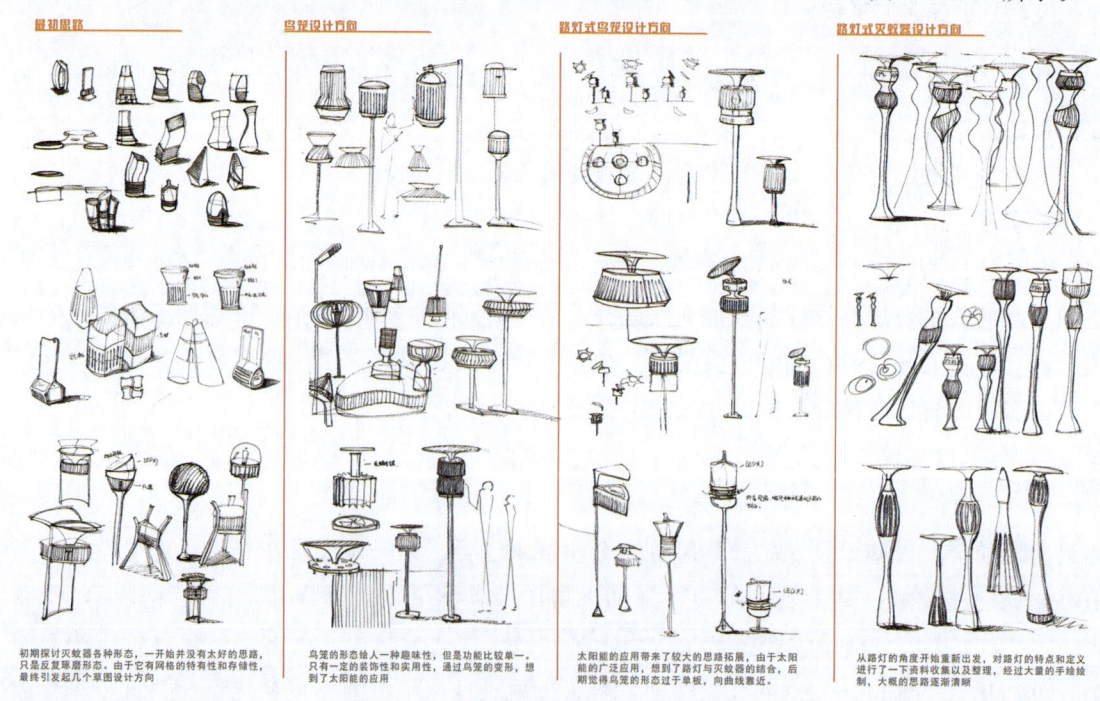

图 9-2-1

图 9-2-2

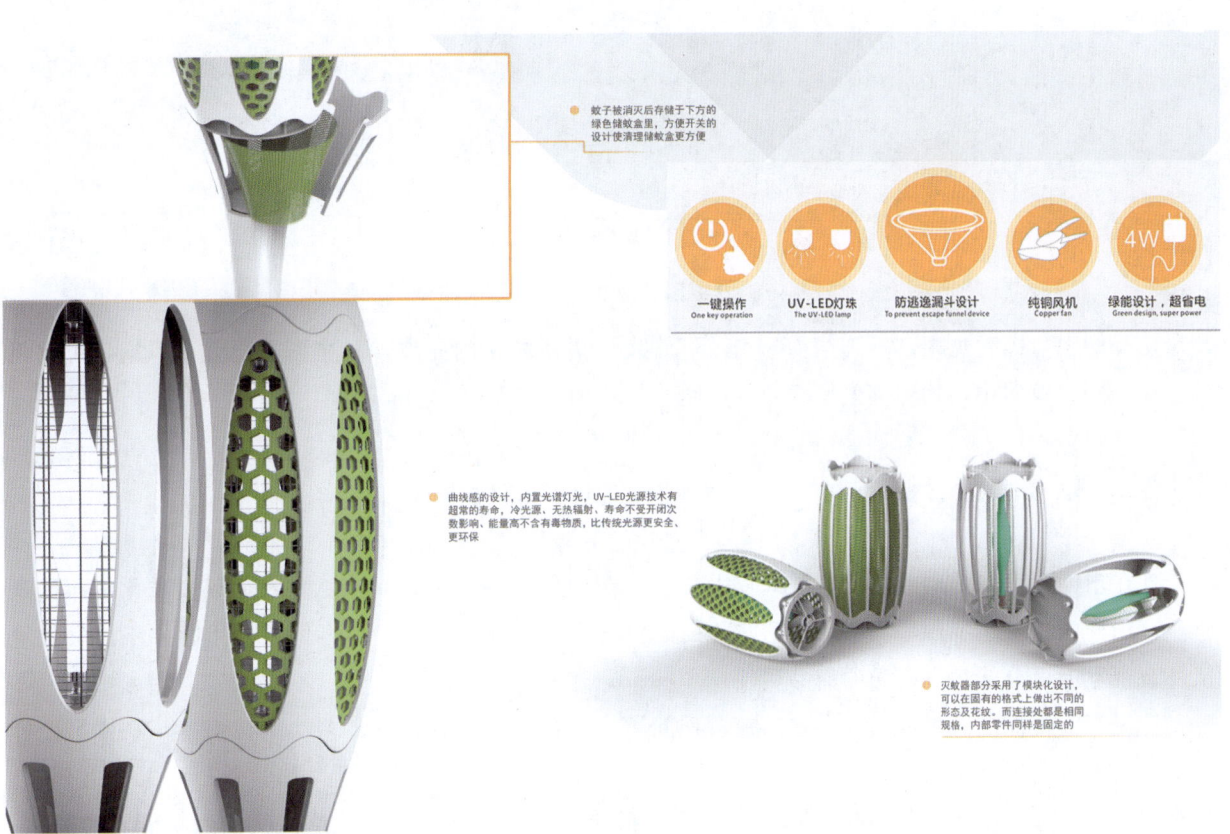

图 9-2-3

蚊子喜欢藏身于草坪之中，所以将草坪灯灭蚊器那部分设计重心降低，略靠近草坪使其功效更强劲。蚊子被消灭后存储于下方的绿色储蚊盒里，使清理蚊盒更方便。曲线感的设计，内置光谱灯光，UV-LED光源技术有超常的寿命，冷光源、无热辐射、寿命不受开闭次数影响、能量高不含有毒物质，比传统光源更安全、更环保。灭蚊器部分采用了模块化设计，可以在固有的格式上做出不同的形态及花纹。而连接处都是相同规格，内部零件同样是保持不变的，如图9-2-4所示。

● 从分解图可以看见内部详细结构，光谱灯管发出引诱蚊子的光波，并在下方设置了风扇，可以将蚊子吸入到灭蚊器中，达到高效率灭蚊

图 9-2-4

从分解图可以看见内部详细结构，光谱灯管发出引诱蚊子的光波，并在下方设置了风扇，可以将蚊子吸入到灭蚊器中，达到高效率灭蚊，如图9-2-1～图9-2-4所示。

案例二　贩售亭设计（设计者：丁凤祥　指导教师：陈江波）

现在市面上可以看到的贩售亭样式较为单一，在创新上有所欠缺。在功能分区和多样化方面更是单一，同样的一种造型的售卖亭承担了多种商品的售卖，专业性不够。顾客们在使用时并不能很快地从外观视觉上区分贩售亭所卖的商品属性。

针对当下市面上贩售亭设计存在的一系列问题，设计了这款模块化、多功能贩售亭，亭体可以针对不同的需求进行灵活而又自由的组合方式。每个亭体单元贩售一种商品，如饮料、水果、书刊等。外观上更注重了极简的设计风格，彩色的运用醒目和易识别，且更能突出单体的使用功能，如图9-2-5～图9-2-8所示。

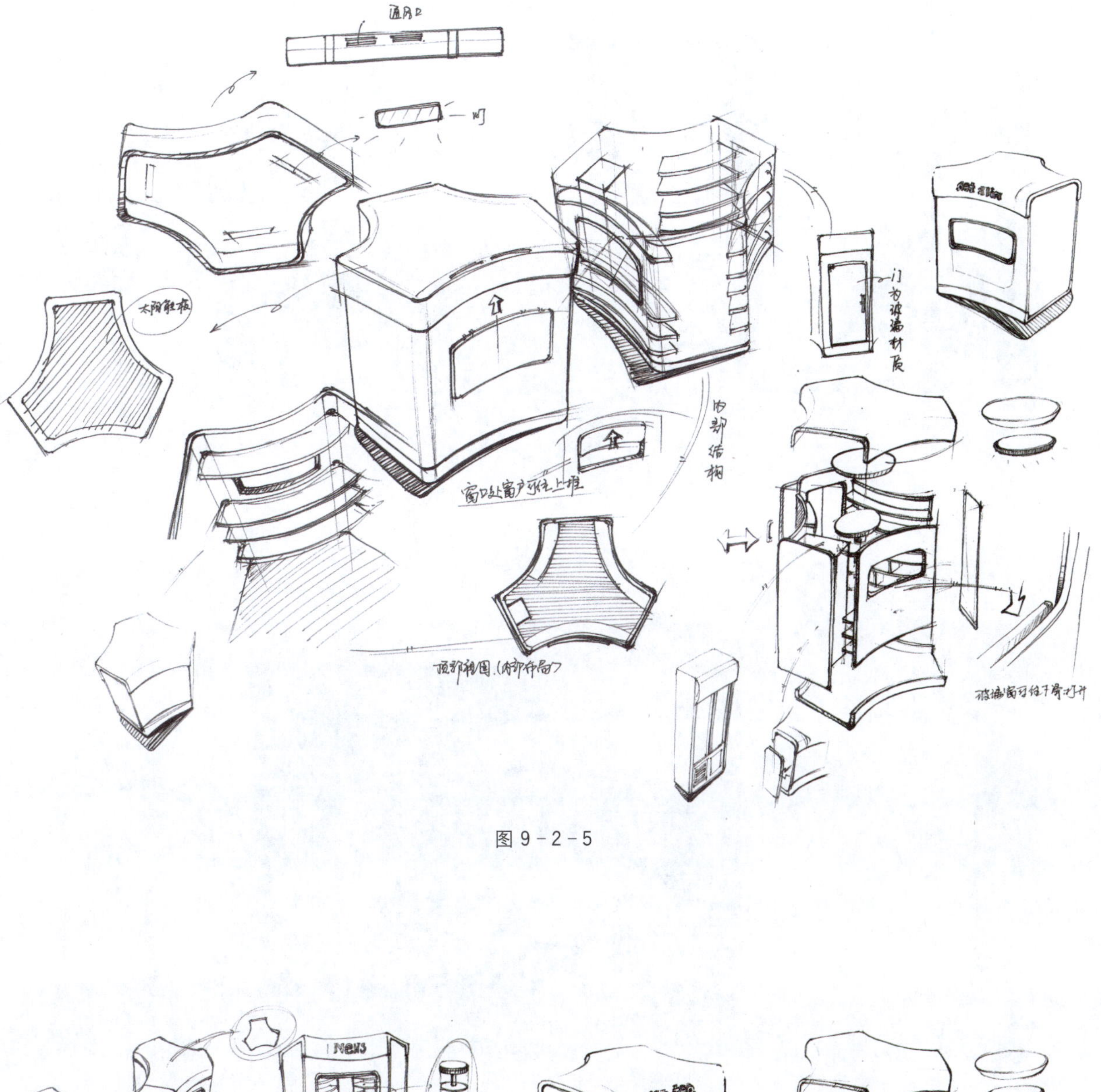

第 9 章 ◎ 课题训练与设计案例分析

图 9-2-5

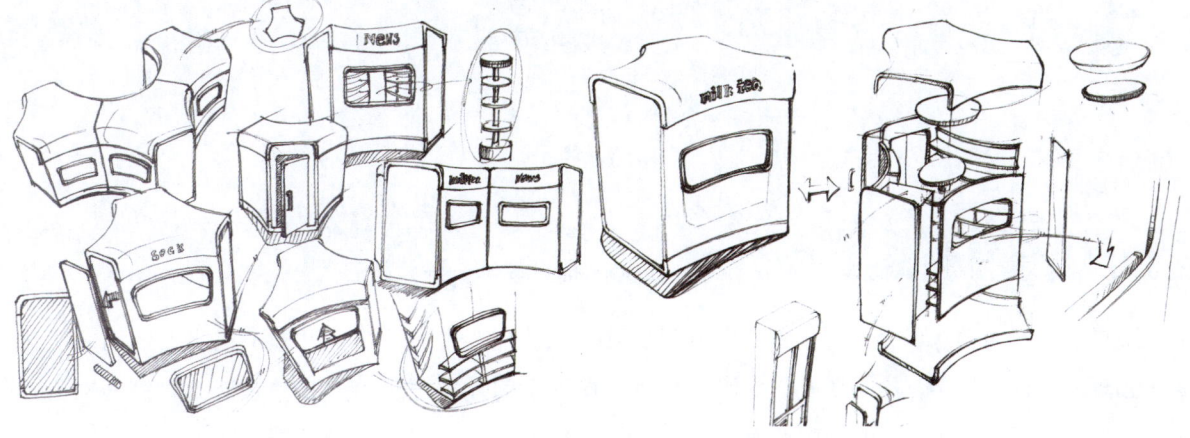

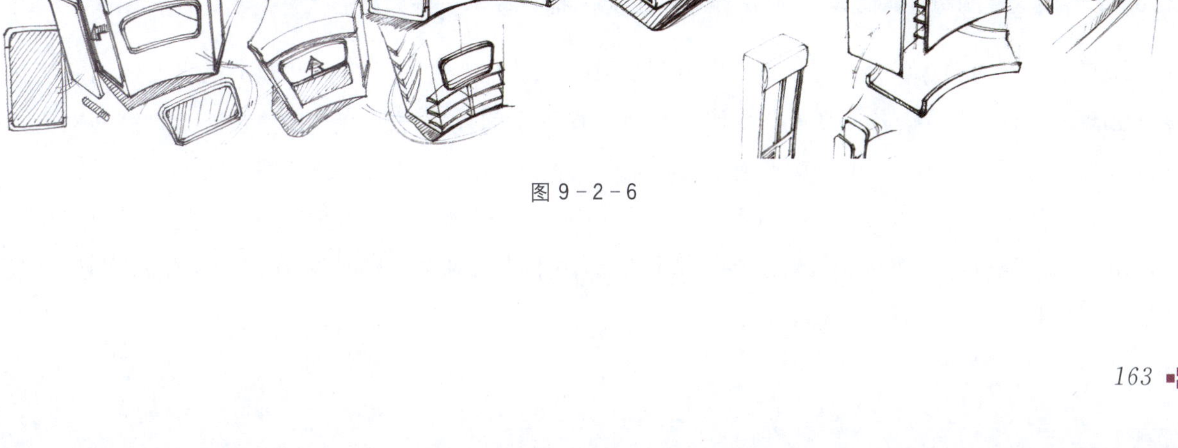

图 9-2-6

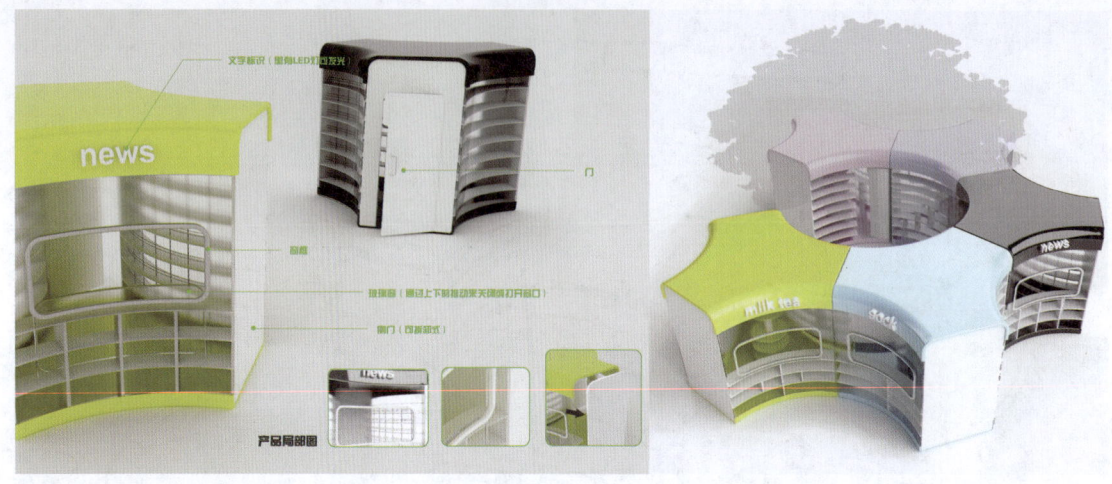

图 9-2-7

图 9-2-8

案例三　儿童游乐设施设计（设计者：王宛　指导教师：陈江波）

该游乐设施的创意理念主要从积木中得到启发，从功能、色彩、结构、安全性出发，同时能让儿童自己动手，自由拼接。给小朋友们足够的自我发挥的空间，发挥想象力和动手能力，手脑并用，随心所欲拼搭出不同的游乐空间，体验游戏的快乐，如图 9-2-9～图 9-2-11 所示。

这款设计由四种不同的模块、两种标准件、多种色彩配置组成。同时，在模块上安装有哈哈镜、凹透镜、凸透镜以及可翻转的版块，让儿童在尽享快乐的同时也能够动手动脑。地面采用塑胶材质，增加摩擦力和安全性，如图 9-2-12 所示。

第 9 章 ◎ 课题训练与设计案例分析

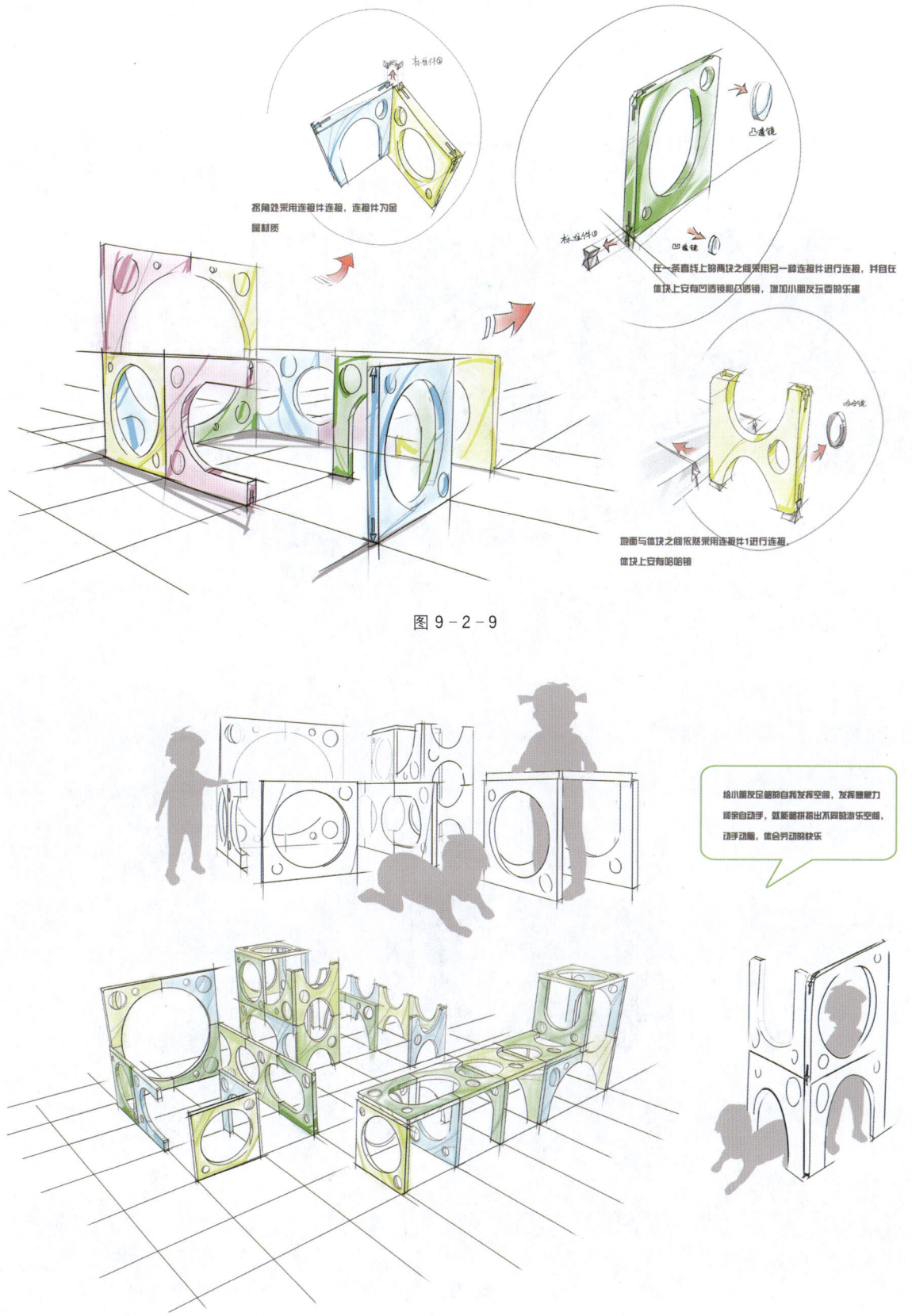

图 9-2-9

图 9-2-10

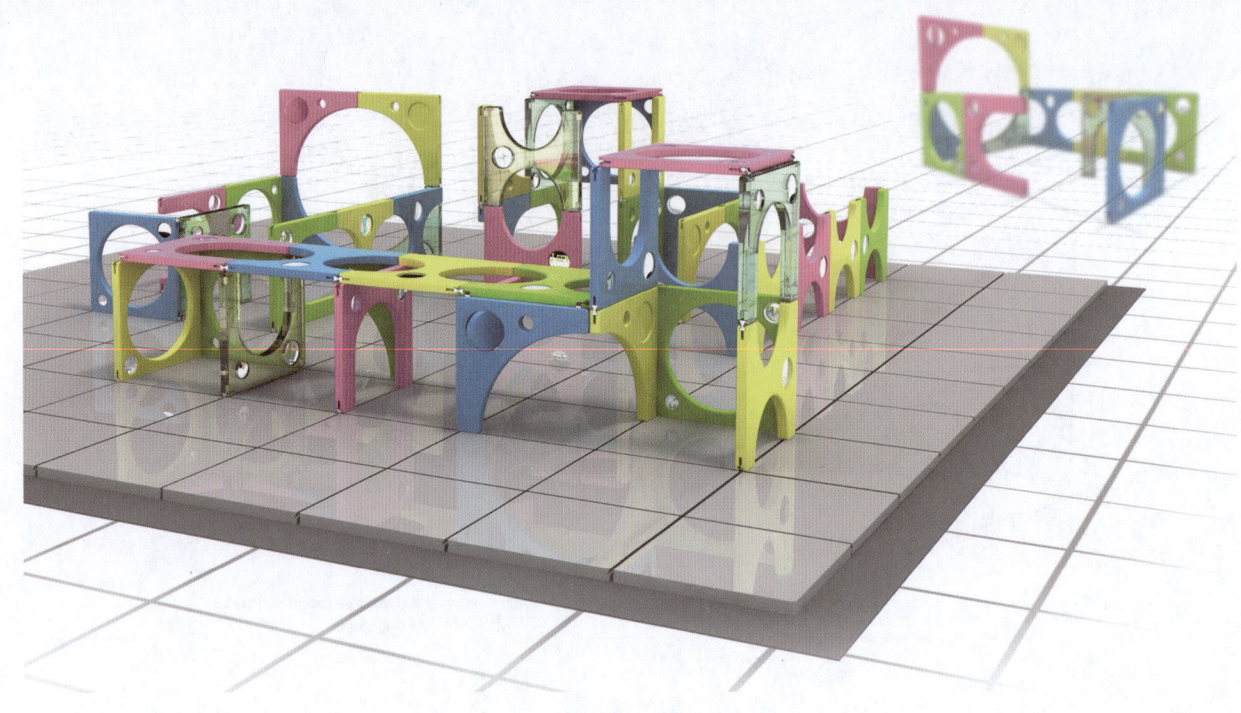

图9-2-11

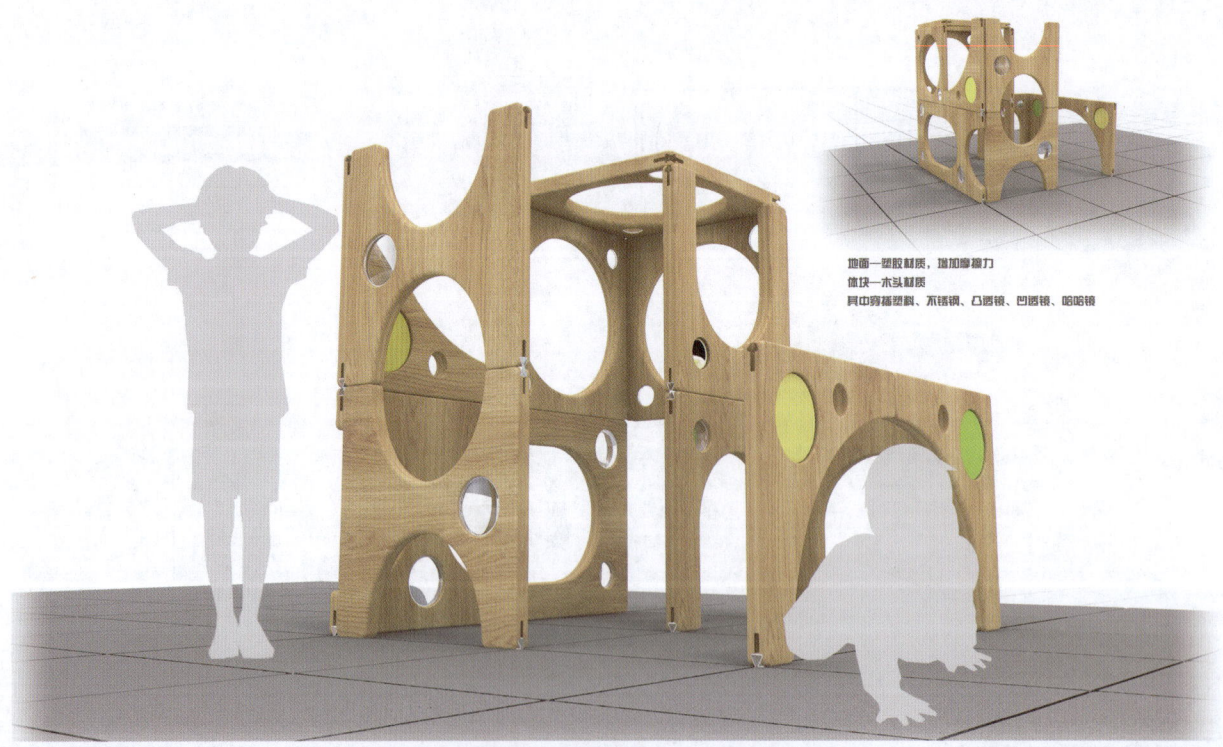

地面—塑胶材质,增加摩擦力
体块—木头材质
其中穿插塑料、不锈钢、凸透镜、凹透镜、哈哈镜

图9-2-12

案例四　交通隔离护栏设计（设计者：那兴海　指导教师：薛文凯）

BTL Isolation Barrier 交通隔离护栏以加强半透明透光材质为主体材质，将直线强光通过漫反射的方式削弱、打散。从而保证车辆行驶时不会受到对行车辆强光直射的影响，避免驾驶员直视强光，大大提高了夜晚道路行车的完全系数。

同时，BTL Isolation Barrier 采用拱形侧体形式，配以内部加强筋固定，提高了其坚固性与防撞击指数。基于以上要素的要求，BTL Isolation Barrier 以更为自然柔和的形式出现，不同颜色的搭配，用以不同的路面，让繁杂和忙碌的城市新添了一丝惬意，让城市不再冷冰，如图 9-2-13～图 9-2-15 所示。

图 9-2-13

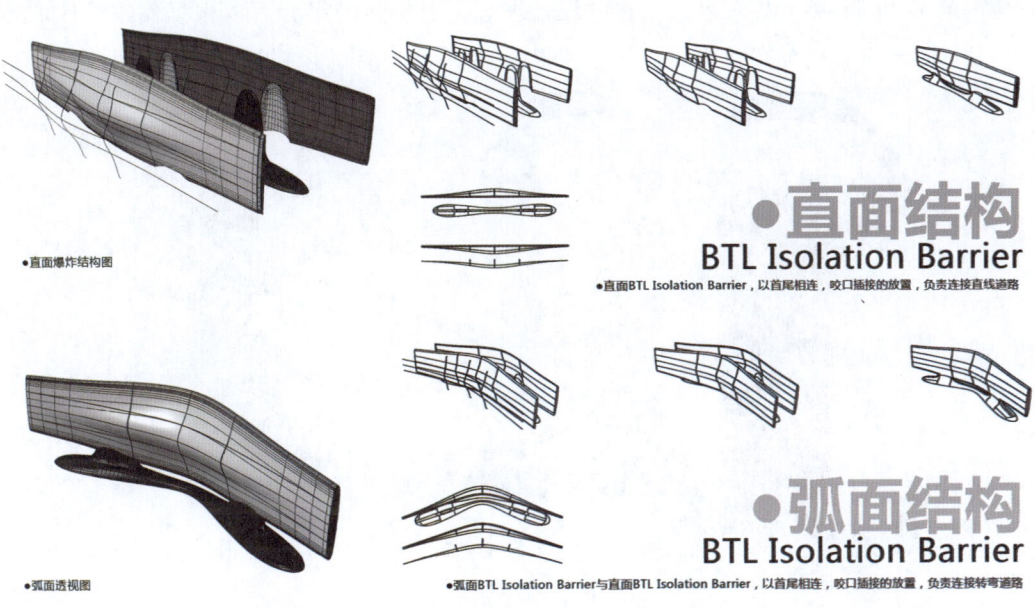

图 9-2-14

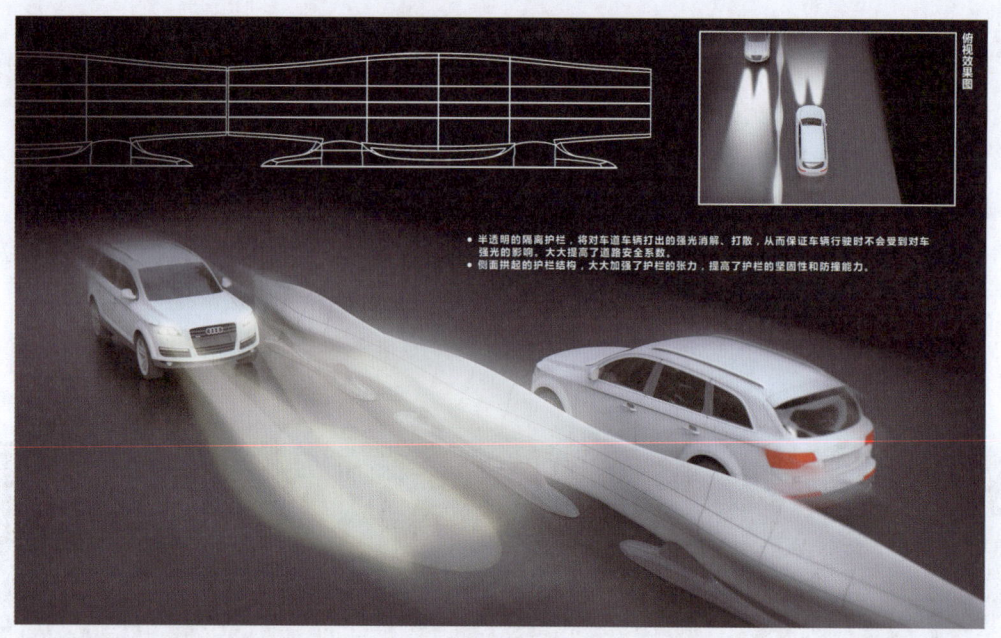

图 9-2-15

案例五 移动公厕设计（设计者：周黎黎 指导教师：薛文凯）

对于很多人来说，城市公共卫生间代表了一个城市公共设施的发展水平。设计者以此为出发点设计了"城市环保型生物分解组合式公共卫生间"。设计采用生物技术，将微生物存放于公共卫生间的底座内，及时分解排泄物，消除异味。

卫生间为投币使用，液晶屏的流动字幕全程提示操作过程，按键进入。卫生间顶端和后下方均有排气设施，保证空气流畅。各单体均为自然采光，节省能源。设计考虑到不同的适用人群，专门提供了残疾人使用的卫生间，处处体现着人性化的设计理念。卫生间的组合可以根据使用地区的地域特点任意组合，从而达到最佳的使用效果。该作品获得国家设计专利，如图 9-2-16 和图 9-2-17 所示。

图 9-2-16

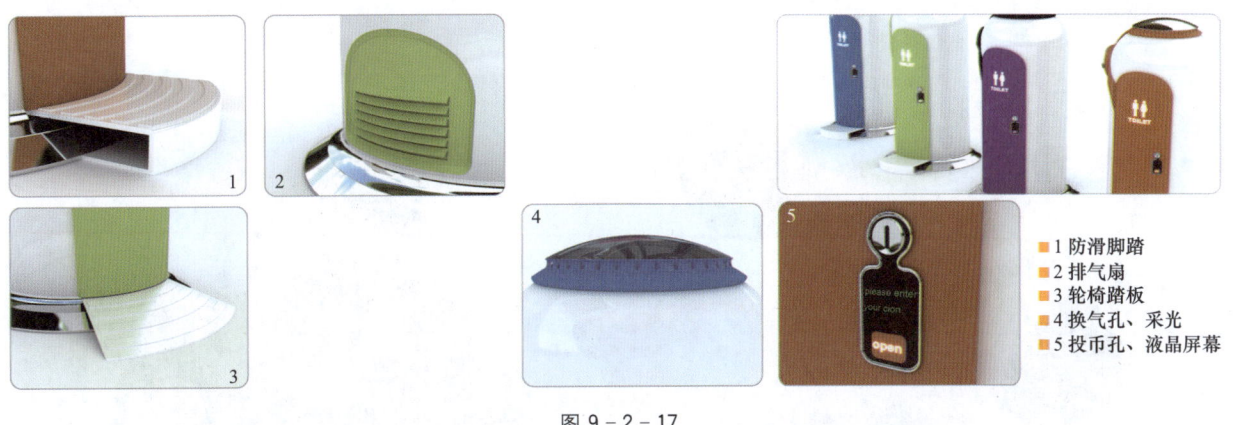

- 1 防滑脚踏
- 2 排气扇
- 3 轮椅踏板
- 4 换气孔、采光
- 5 投币孔、液晶屏幕

图 9-2-17

案例六　儿童游乐设施设计（设计者：廉歆彤　指导教师：薛文凯　陈江波）

该游乐设施适用人群为 1～2 岁的儿童，本组设施综合了钻、爬、滑、藏等多种功能。使儿童不但拥有多种娱乐方式，还有助于训练身体各方面机能，有助于儿童身心健康，使其能够茁壮成长。本产品主要采用木质与塑料相结合，形式新颖，色彩鲜艳，同时还结合了网状的攀爬设计，为了保证安全，在设施的端口处均采用了橡胶作为软保护，如图 9-2-18～图 9-2-21 所示。

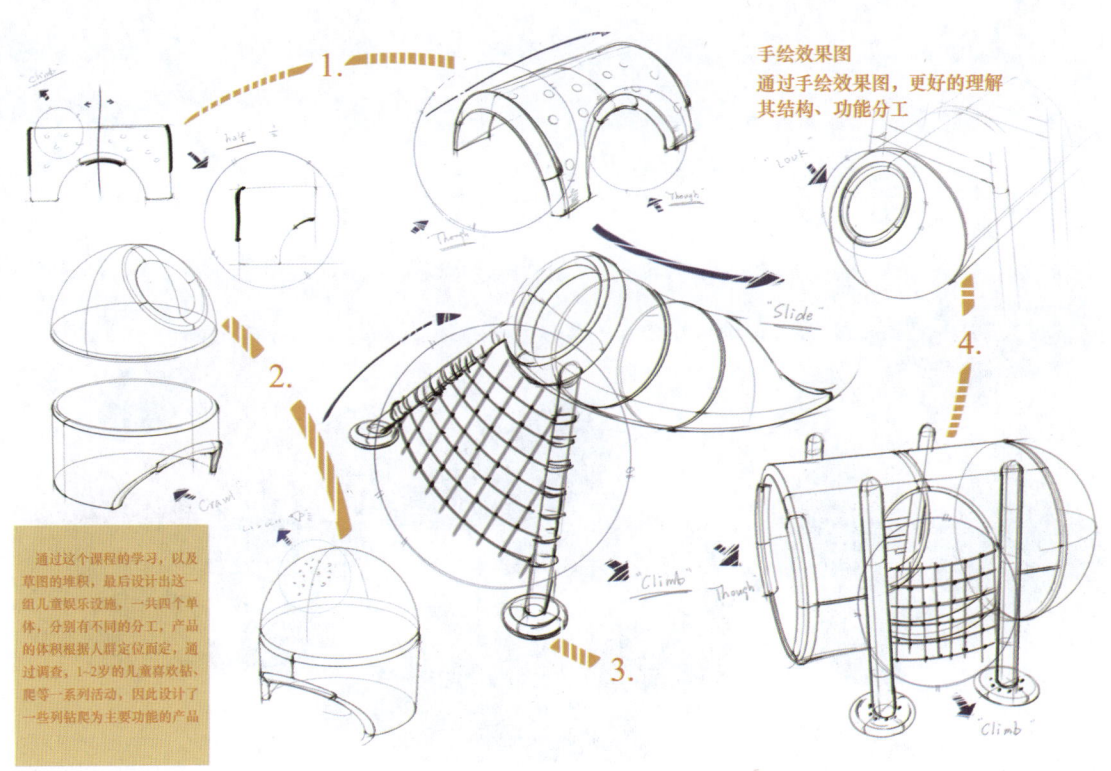

图 9-2-18

公共设施设计（第二版）

图 9-2-19

图 9-2-20

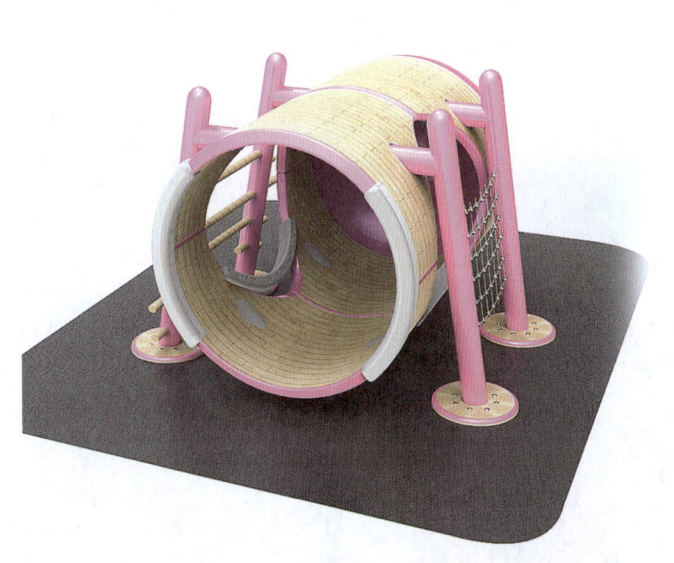
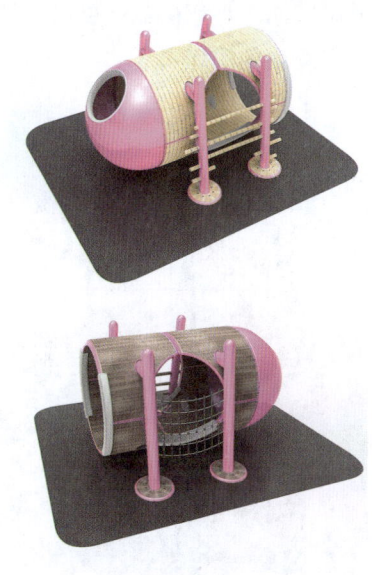

图 9-2-21

案例七　儿童游乐设施设计（设计者：孙健　指导教师：薛文凯）

SEA-hi 主要针对 6～10 岁年龄段的孩子设计。波形的带状结构形成了一个垂直的不断变化的曲径迷宫，可充分的满足孩子的幻想，让孩子在玩的时候开动脑筋，并且鼓励孩子进行集体性和持续性的游戏。设施的各种表面从柔软的泡沫、帆布、绳网、一直到敞开的云梯，使孩子们可以在其中坐、走、悬在空中、攀爬、摇摆、滑行、跑、跳、跳马、钻洞以及躲藏等。这些结构可以激发孩子的冒险精神和创造力，创造出很多成年人想不到的游戏。

整个波形单元部件采用新材料（被回收再利用的纸浆为原料通过脱水、注塑、染色而成），使其拥有环保、质轻、坚固、表面柔软等特性，同时具有优秀的可塑性与可回收再利用性。这些新材料不仅价格低廉而且颜色的多样性也使设计更加丰富多彩，组合后又能营造出不同的娱乐主题与环境氛围。相对二维化的整体结构以及模块化的组合方式能够最大程度的利用地面面积，其甚至可以安放在商业密集区，可以融合在许多不同的建筑之中（商场的玻璃幕墙的内侧），这也体现了 SEA-hi 无限的商业价值，如图 9-2-22～图 9-2-25 所示。

SEA-hi 打破了现有儿童游乐设施的单一形式，概念性的将三维空间转化成了相对二维的空间布局。起伏、穿插结构的弧面不但体现出极富韵律的形式美感同时二维布局的游乐场结构使孩子在游玩过程中目的性更强，培养孩子完成一件事情的意志力，锻炼个性，学会如何解决问题，面对新的挑战和树立新的目标。培养他们的组织，策划，决策能力。

SEA-hi 运用了模块化的设计理念，通过简单的组装方式便可以根据场地的大小，呈现出不同的规模和形式。同时，借助于多种形式的模块化单元件的位置以及功能的选择及重组，甚至可以根据孩子们的年龄段，以及不同孩子的需要设计出不同难易程度的游戏。在蜿蜒起伏的跑道中游戏，孩子们可以在能唤起不同运动反映的复杂结构上测试自己的灵活性，能够在复杂程度高的设施上展示他们自身的平衡能力和协调能力。上方的休息交流区域还能提供给孩子一个高空的，能相对独立享受时光的环境（也是基于对那些能够克服困难到达"峰顶"的孩子的一种奖赏），SEA-hi 还运用阳光照射在棚顶所投射出的光影形成棋盘，可以提供给孩子们一个玩棋类游戏的环境，使孩子们的智力与交际能力也得到一定程度的锻炼。

图9-2-22

图9-2-23

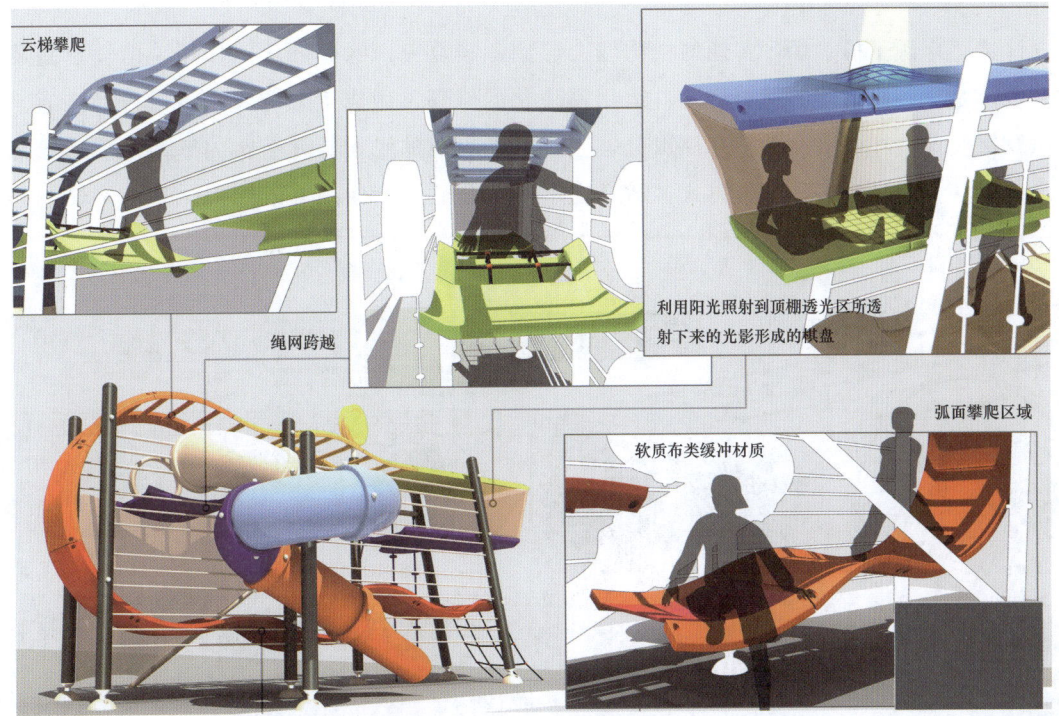

图 9-2-24

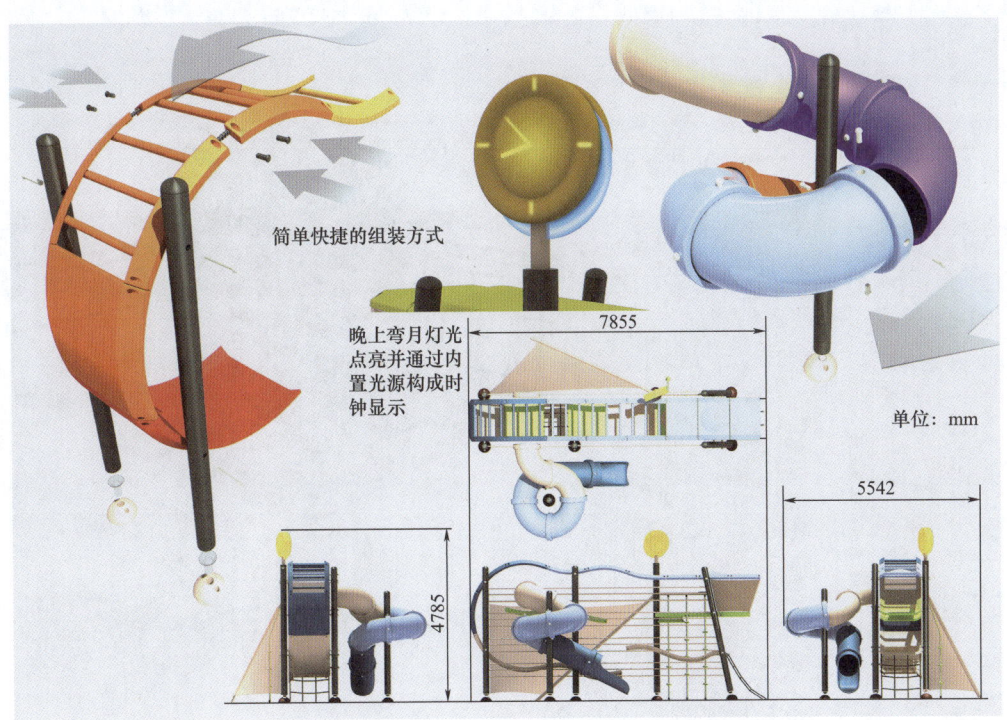

图 9-2-25

案例八　生态组合式花墙（设计者：程明　指导教师：薛文凯）

此设计灵感来源于植物墙，普通的植物墙会起到冬暖夏凉，绿化环境的作用，但缺点是灵活性不高。这个设计是受到植物墙的灵感启发，运用模块化的原理，做成生态花钵，可以自动浇灌。花盆巧妙地采用双层设计，在两层夹缝中存储水分，当有阳光出现的时候，就会在内壁蒸发后形成水珠，完成浇灌。此设计可以形成多种组合方式，适合在不同的公共场所使用，既能美化环境，又能起到隔离空间的作用。是城市的环境不可或缺的设施，如图9-2-26～图9-2-29所示。

图9-2-26

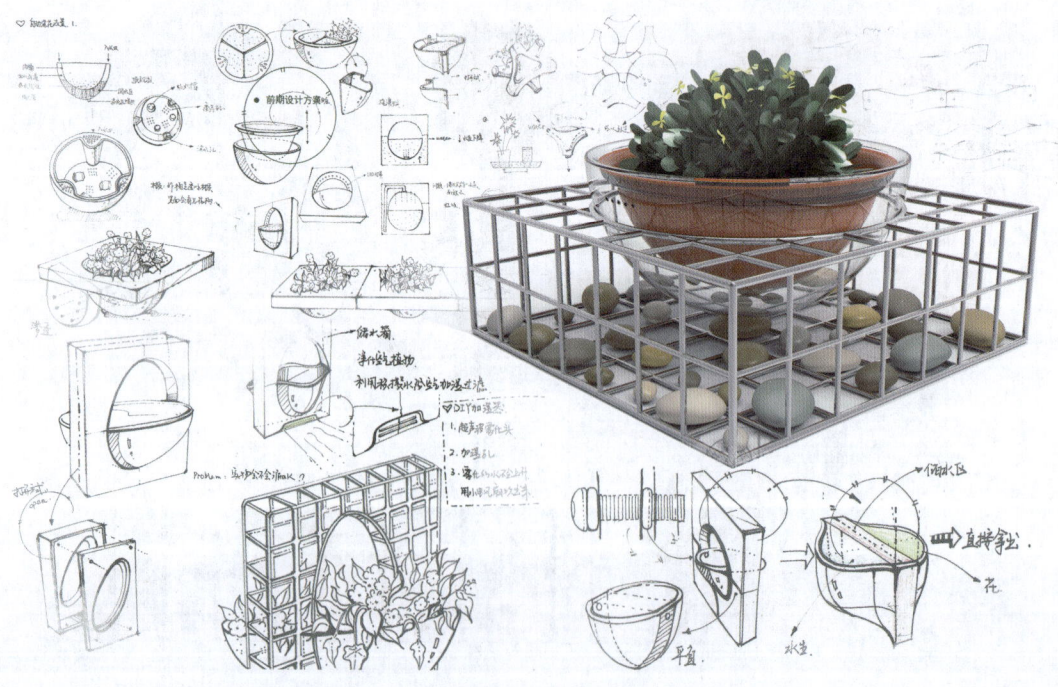

图9-2-27

自动浇灌原理

水量增加

雨天时积水

水蒸气蒸发后，在内壁形成水珠，实现自动浇灌

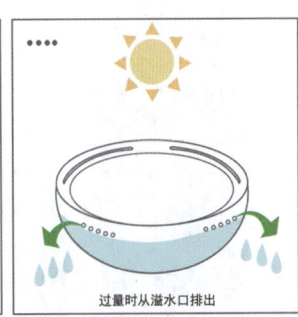
过量时从溢水口排出

图 9-2-28

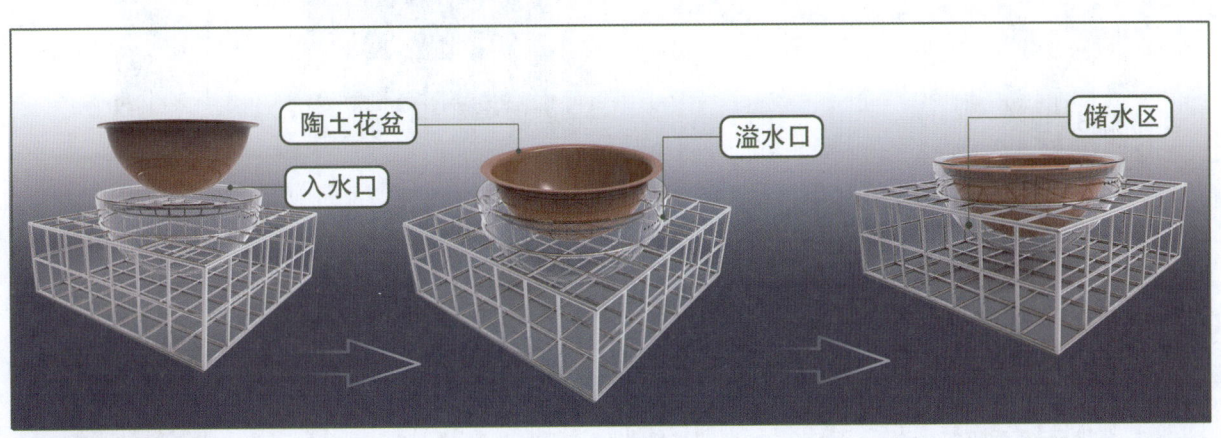

结构分析图 此花盆是由内外两层组合而成，内部花盆是陶土烧制而成，外部是由透明亚克力材质制成。内部陶土花盆巧妙地的搭在外部花盆上，外部花盆边缘有入水口，水会从入水口进入，储存一定量的水后，当阳光出来时候储存的水会通过内壁蒸发，实现自动浇水的原理。

图 9-2-29

　　此设计巧妙地运用长方体和球体的特征，可以形成不同形式的组合，这款设计称之为立式组合式设计，用连接件将其连接。

　　此花盆是由内外两层组合而成，内部花盆是陶土烧制而成，外部是由透明亚克力材质制成。内部陶土花盆巧妙地搭在外部花盆上，外部花盆边缘有入水口，水会从入水口进入，储存一定量的水后，当阳光出来时候储存的水会通过内壁蒸发，实现自动浇水的原理。

案例九　公共 BUS 站设计一（设计者：张真　指导教师：薛文凯　陈江波）

　　此设计方案的最大特点就是对设计形式进行了有益的探究，设计主要采取形态分割，体块对比方式，构成艺术个性凸显。通过手绘草图及电脑效果图的娴熟准确运用，充分的表达了作者的设计意图。此外方案还体现出设设计观念的创新、科技的创新、使用功能的创新、材料的创新等。GPS 导航系统，LED 技术、纳米材料等要素的运用无不体现出设计的成熟性与完整性，如图 9-2-30～图 9-2-35 所示。

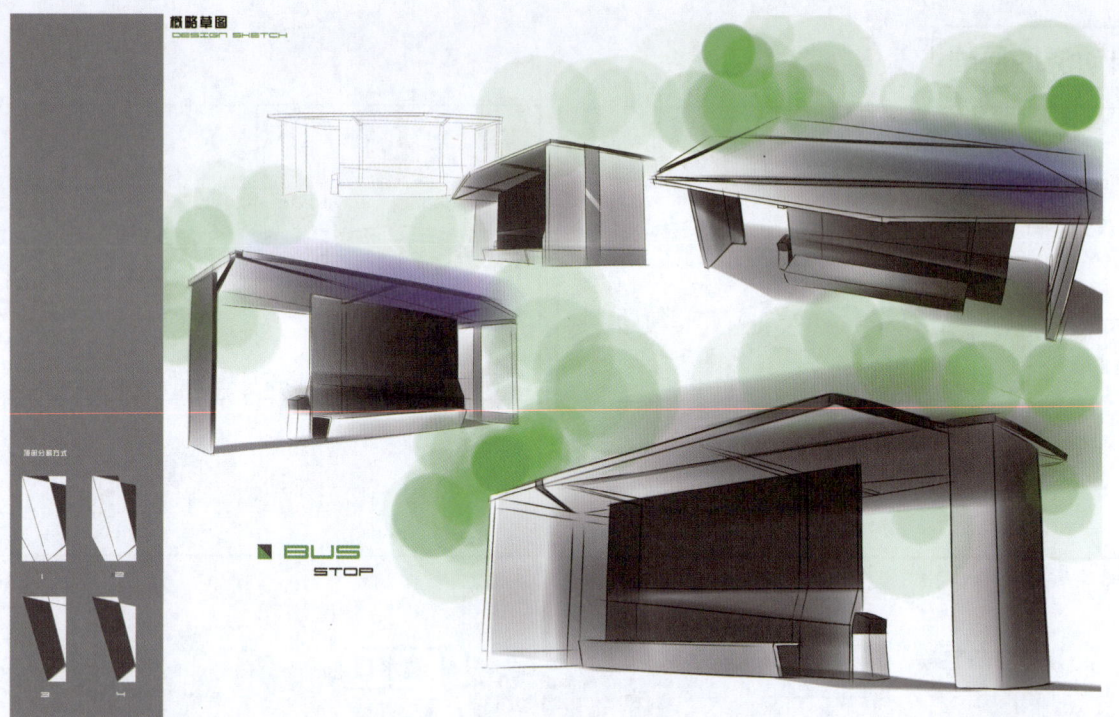

图 9-2-30

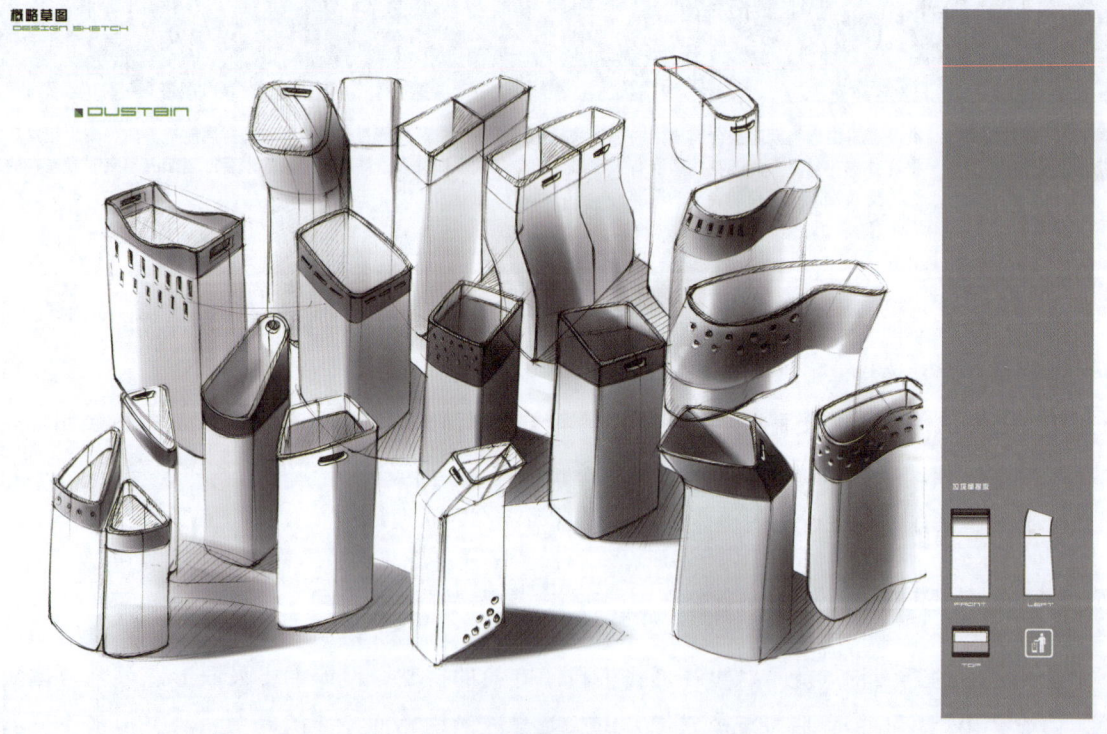

图 9-2-31

第 9 章 课题训练与设计案例分析

图 9-2-32

图 9-2-33

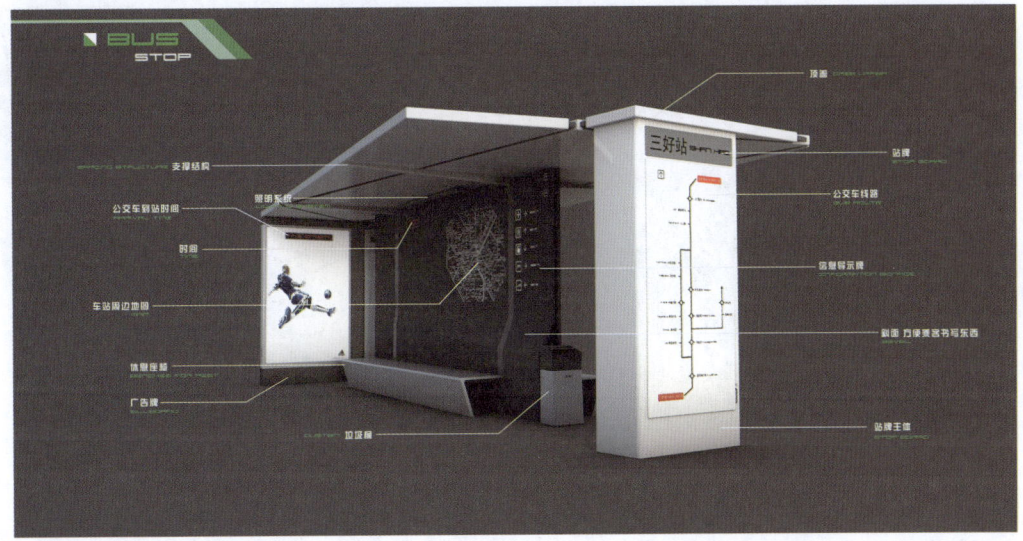

图 9-2-34

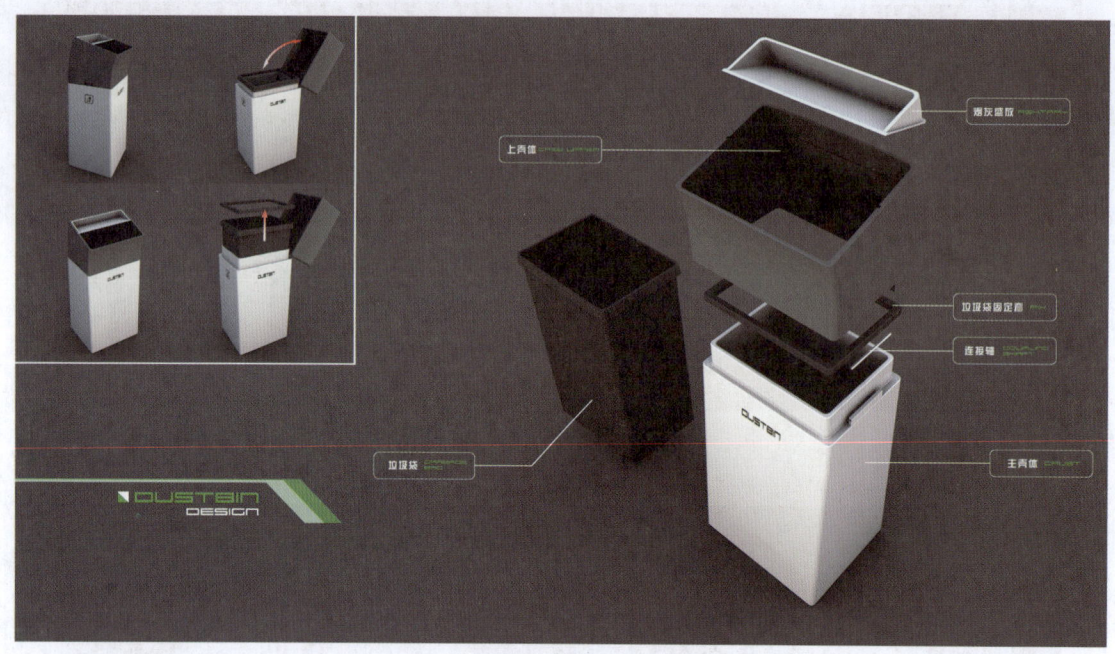

图 9-2-35

案例十　公共 BUS 站设计二（设计者：王莉莉　指导教师：薛文凯）

本概念公共汽车站是一种理想化的物质形式，是一个可以根据实际需要随意组合的系统设施设计，结合了艺术化与工业化、人性化与高科技的设计，力求创造崭新形式抽象美感与可持续发展的生态环境。在汽车站的半敞开候车室中有可视化的玻璃电子幕墙，并且使用者可通过手的触摸进行简单的车站地理位置的查询。该作品获得国家设计专利，如图 9-2-36～图 9-2-40 所示。

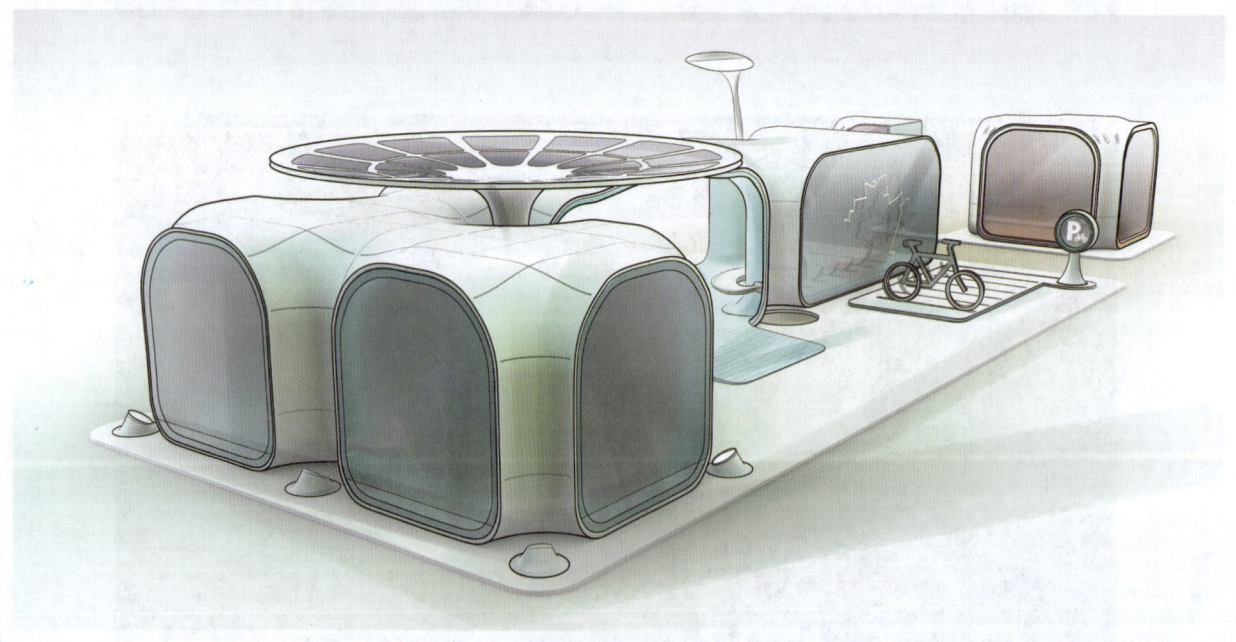

图 9-2-36

第9章 ◎ 课题训练与设计案例分析

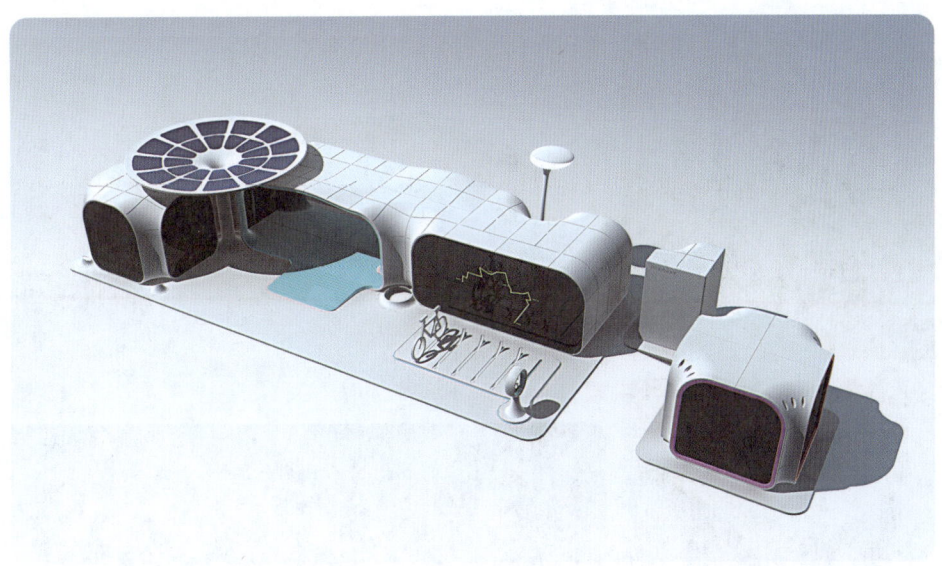

图 9-2-37

图 9-2-38

图 9-2-39

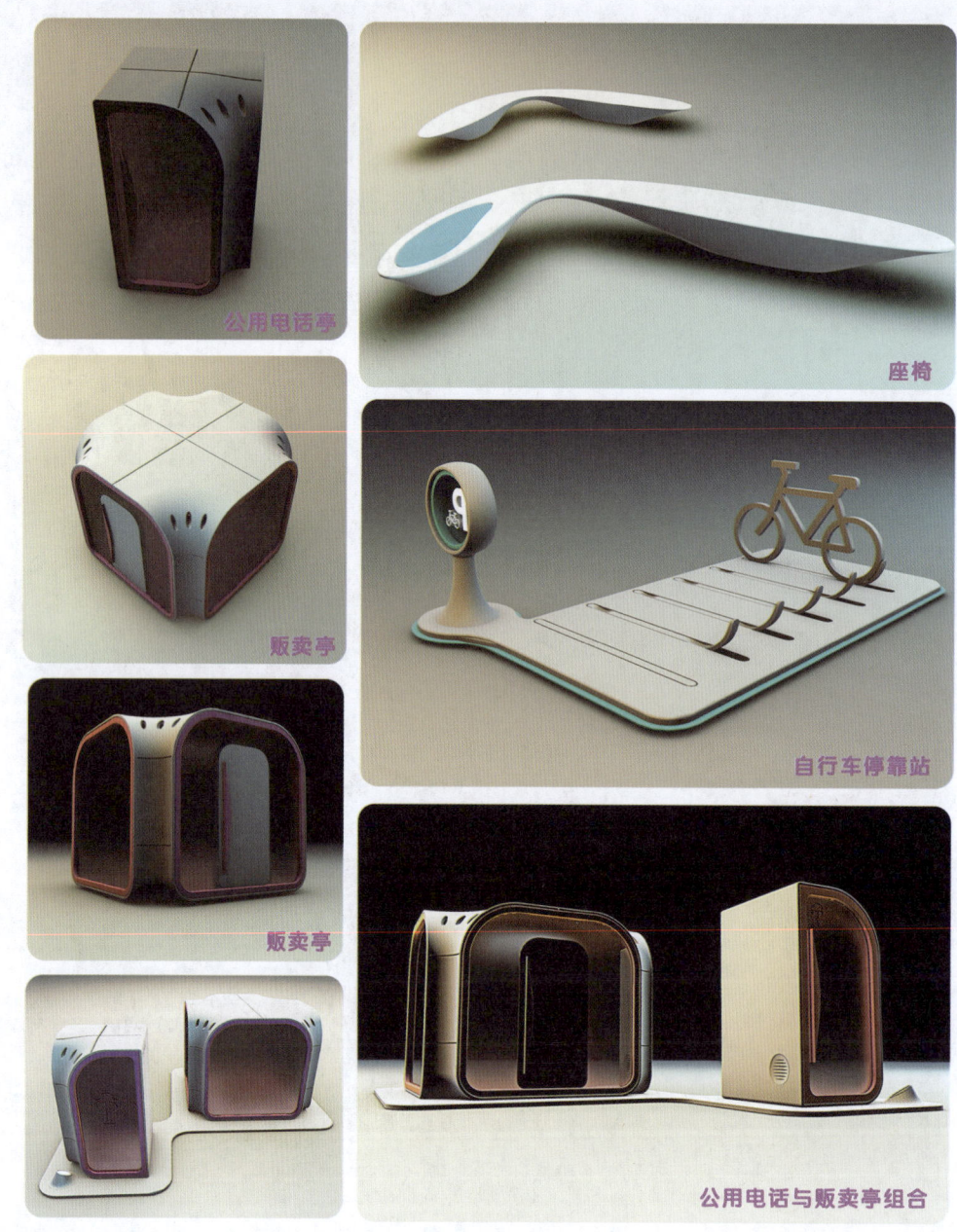

图 9-2-40

案例十一　灾后救援系统设计（设计者：考贝贝　指导教师：薛文凯）

此设计是用于应对突发灾害事件的快捷组装式救援系统。该系统运用太阳能发电、水循环处理等技术；采用模块化的设计语言，运输便捷、搭建方便、可回收再利用等方法，大大提高了救援效率。在结构上采用仿生学原理，将蜂巢的语义运用其中，使其更加坚固、组装更加快捷。设计内容包括指挥系统、信息发布系统、医疗救护系统、公共卫生系统、物品发放系统、临时休息系统等。根据功能的不同，以五个单元为例进行展现：信息塔单元——用于向救援人员发布最新灾情及物资供需情况等；药品发放单元——用于救援人员向灾民发放所需药品；媒体中心——用于向外界发布最新的援救情况；卫生系统——卫生间及洗漱单元，如图 9-2-41～图 9-2-43 所示。

第 9 章 ◎ 课题训练与设计案例分析

图 9-2-41

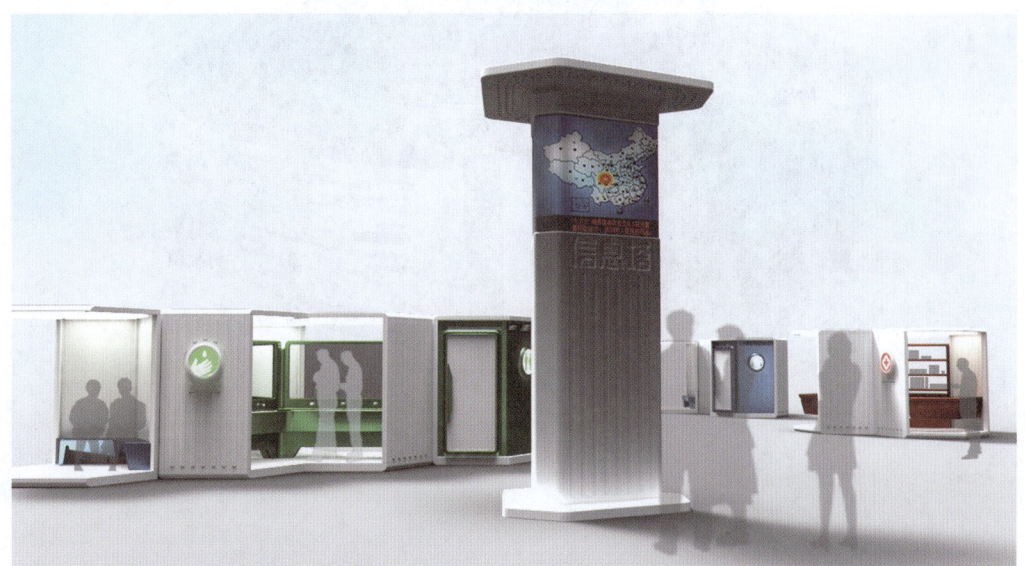

图 9-2-42

图 9-2-43

案例十二　智能化停车场设计（设计者：王舒婧　指导教师：薛文凯）

（1）本智能化停车场是一款全自动旋转式的停车场，结合了艺术化与工业化、人性化与高科技的设计，力求创造出崭新形式抽象美感与可持续发展的生态环境。

（2）双蓄电设施，除顶部设有太阳能板之外，在其下部还设有风能蓄电系统，并将两种蓄电系统生成的电能储存在中心旋转轴的内部，用于提供整个停车场的用电设施。

（3）全自动的红外感应系统，可以实时监控场内车位空余情况，并连同室内气温湿度等情况一同反映在室外显示荧屏上。

车辆在进入停车场后，由底部升起的升降机将车体托起直至2层，2层楼板旋转，把空余车位旋转至升降机口，完成停车，如图9-2-44～图9-2-46所示。

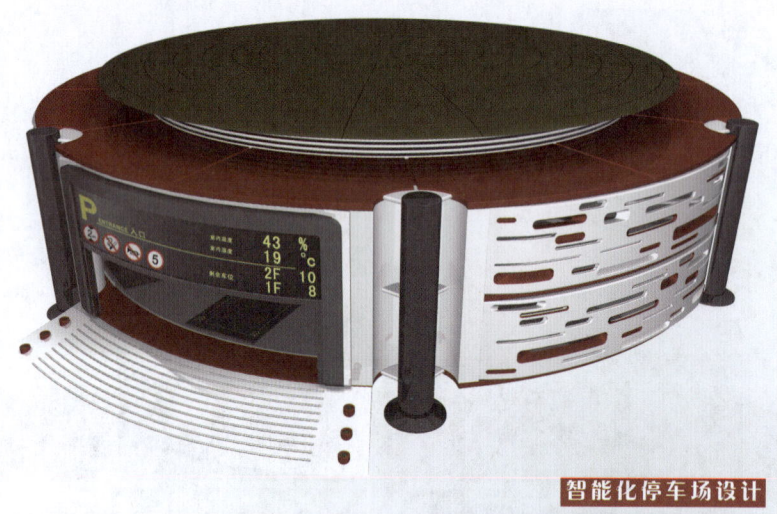

图9-2-44

图9-2-45

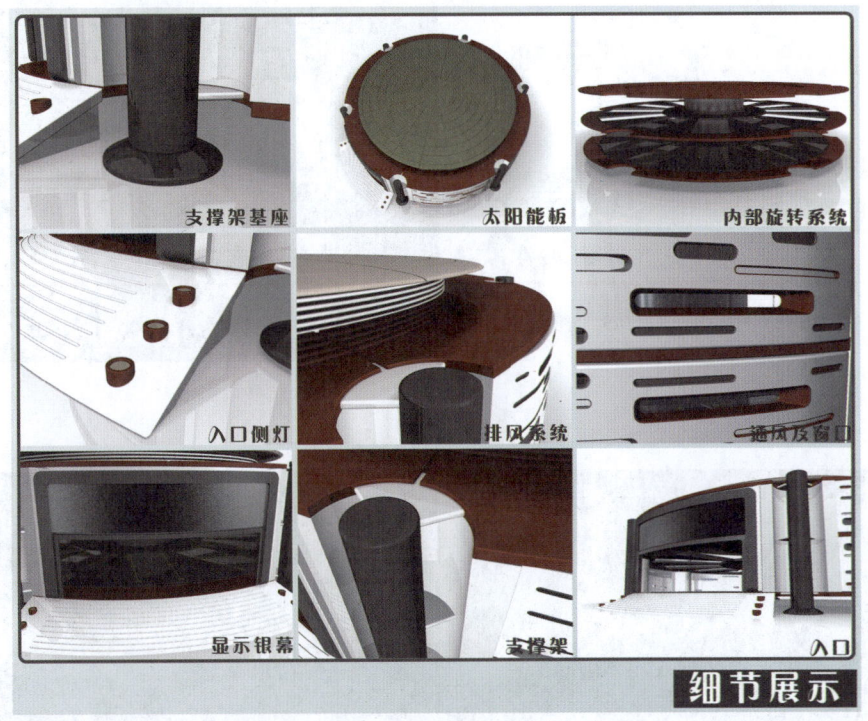

图 9-2-46

案例十三　WINDWAVE（风波）—自主供电助力自行车（设计者：孙建　指导教师：薛文凯）

本设计试图探究出一种全新的人性化城市交通体系，在缓解全球能源危机的同时，解决现在城市由于发展密集化程度过高，带来的交通问题，以及能源压力，同时提供给驾驶者全新理念的生活方式。设计目标人群主要针对年轻一代，设计初衷就是通过方案设计来培养青年人的环保意识与社会公德意识，如图 9-2-47～图 9-2-50 所示。

图 9-2-47

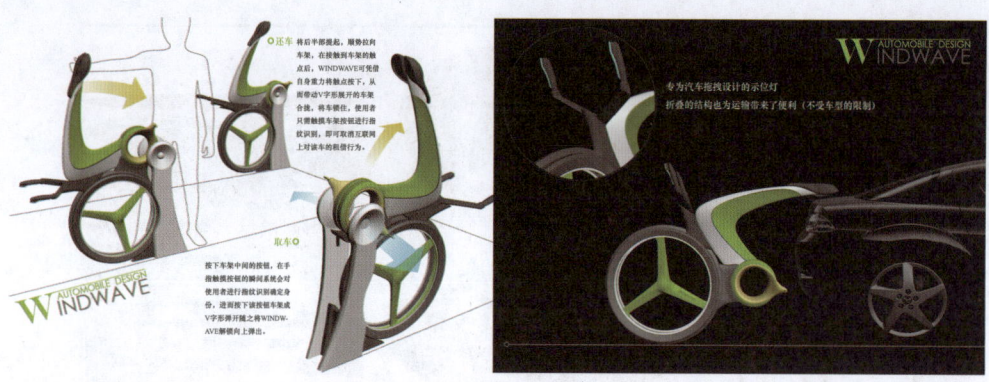

图 9-2-48

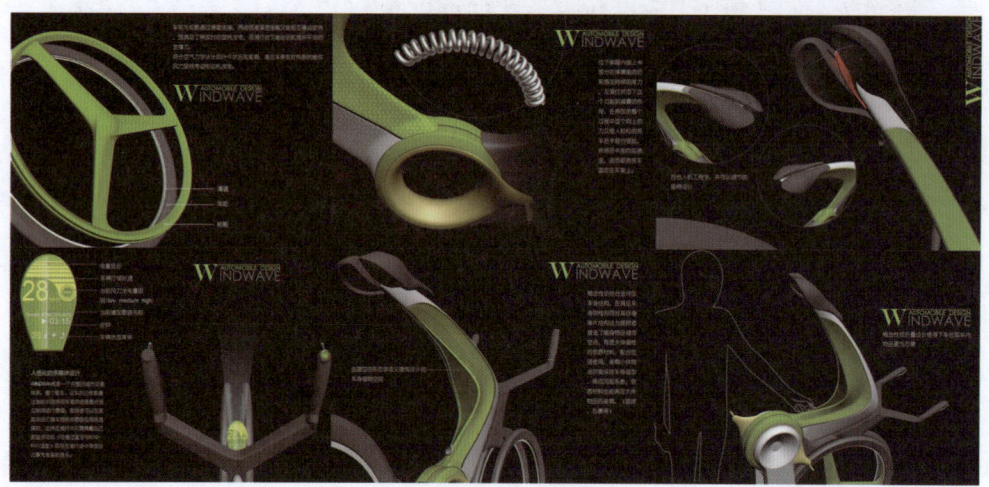

图 9-2-49

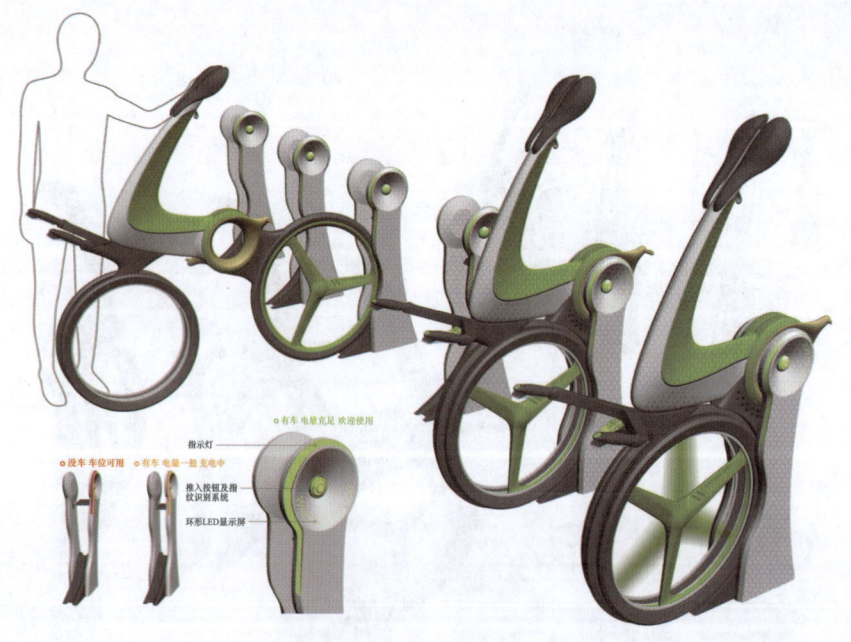

图 9-2-50

现在整个中国都在倡导节能减排，建立可持续发展的社会体系。然而对于现在高居不下的汽车污染我们的应对措施却显得力不从心，如何从本质上解决这个问题，推广人性化个人交通工具（自行车）无疑具有极为深远的意义。然而当前自行车最大的弊端就是骑行费力，其次就是没有一整套完备的存放体系，反而给使用者带来了使用上的负担，同时乱停乱放也给城市现存的交通系统带来了不利的影响。

WINDWAVE（风波）自主供电助力自行车无疑是一个完美的概念性解决方案。整套体系建立在城市公共交通系统之上，该车作为城市公共设施而存在。通过科学的研究，安放在城市中的各个地方。而使用者通过租借的方式使用，整个 WAINDWAVE 是一套城市的交通体系设施，所以使用者不必原处归还该车，只需找到自己目的地周边的停放站还车即可，其人性化的设计为使用者最大程度的提供了便利。

作为设计中整套交通体系的单元个体，WINDWAVE 自主供电自行车，自身备有小块电池并有着一套简单的电动助力系统，使得骑行变得更为轻松、舒适。WINDWAVE 的另一处概念性设计就是根据风能发电机原理设计的旋叶状后轮轮毂，能在车停放时接收风力旋转产生电能。为自身充电的同时，还能将多余电能通过车架供给周边设施。

WINDWAVE 的概念性停放与取用方式使得其在停放接收风能的同时也最大限度地节省城市泊车空间。模块化的停放方式让其在停放的时候更能适应城市复杂的街道状况高效率的利用风能。同时合理化的停放高度与角度为市民使用上提供了便利，可以说多个 WINDWAVE 组合在一起就像是一台小型的风能发电站，其在作为城市密集区域的公共交通设施的同时，还能为周边的公共设施（自动贩卖机、公用电话、路灯等）提供电能，这样既解决了城市人员密集区的交通问题，又缓解了密集区域的供电压力。

案例十四　WATER FACTOR（水工厂）—沙漠集水设施设计（设计者：薛文凯　孙建信雨昕　邢俊杰）

在沙漠中最令人头疼的问题莫过于寻找水源，而生活在纳米布沙漠中的纳米布甲虫竟然掌握了一种独特的获取水的方法供自己生存。它们的翅膀上有一种超级亲水纹理，同时还有一种超级防水凹槽。它们共同合作，可以从外界的风中吸取水蒸气。当亲水区的水珠越聚越多时，这些水珠就会沿着弓形后背滚落入沙漠甲虫的嘴中。

WATER FACTORY 就是模仿纳米布沙漠甲虫的积水原理设计的，其上半部分的透明塑料薄膜表面带有亲水性不同的两种纹理，配合沙漏形的造型最大程度上增加了空气与薄膜的接触面积。空气中的水分在两种纹理和太阳能风扇所产生的空气对流共同作用下，在凸起的亲水端点冷凝成水珠，最终在集水器的内外壁上通过疏水凹槽被收集起来。另外，它不仅可以在下雨时收集雨水，经过中间的过滤装置供人们饮用。还可以利用其下半部分的透明塑料薄膜将沙漠土层下蒸发上来的水分收集起来，如图 9-2-51～图 9-2-55 所示。

WATER FACTORY 为可折叠结构。其上下两个集水部分均由高强度弹性金属丝和透明塑料薄膜构成。不使用时可将其折叠成车轮毂大小，使用时将其上下两部分展开并以沙土将下半部的薄膜埋住即可。该设计获得 2014 年红点概念设计大奖。

WATER FACTORY
Design of desert catchment facility

There is no greater headache than that of searching for water in the desert. However, the Namib Desert beetle living in Namib Desert is able to gather moisture in the air to support itself through the hydrophilic texture and hydrophobic groove on its wings induced by the wind.

WATER FACTORY is designed by means of imitating the catchment principle of the Namib Desert beetle. The transparent plastic film in the upper part of water factory has two different types of hydrophilic textures on its surface to coordinate the hourglass shape so as to increase the contact area between the air and the film to the largest extent.

With the combination of two types of textures and air convection generated by solar fan, moisture in the air condenses into drops at the convex hydrophilic endpoint and is finally gathered in the inner and outer walls of water collectors through hydrophobic groove.

In addition, WATER FACTORY can not only gather rainwater when it rains and provide drinkable water for people through the filter device in the middle, but also gather the water evaporated from the layers under the desert by making use of the transparent plastic film in the lower part of it.

图 9-2-51

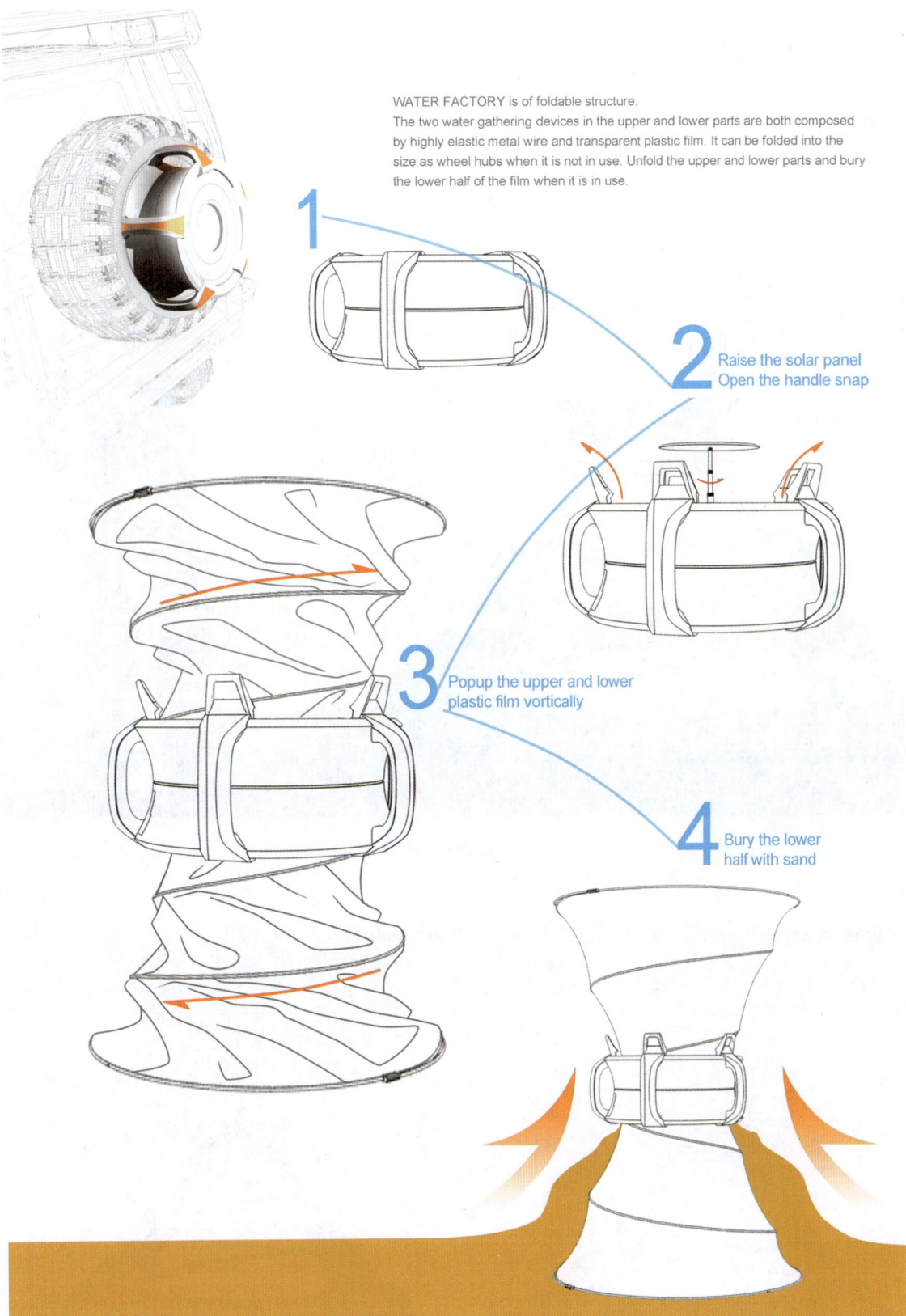

图 9-2-52

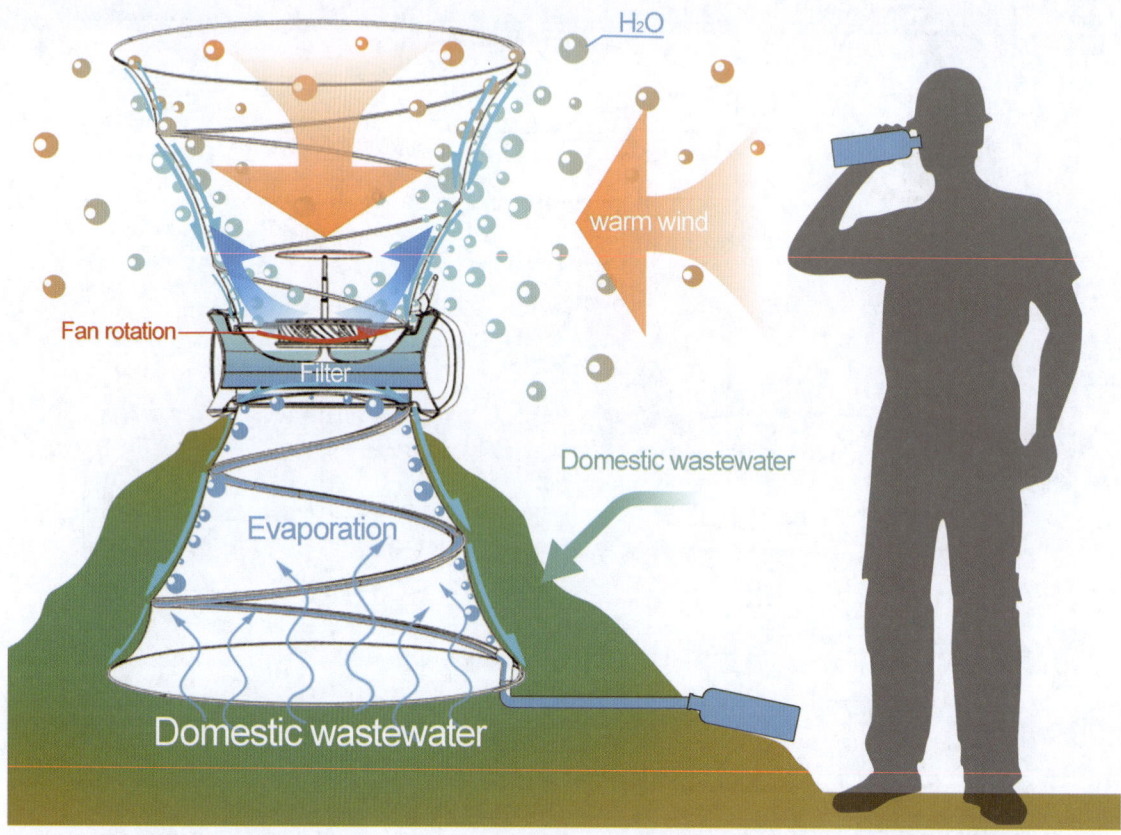

图 9-2-53

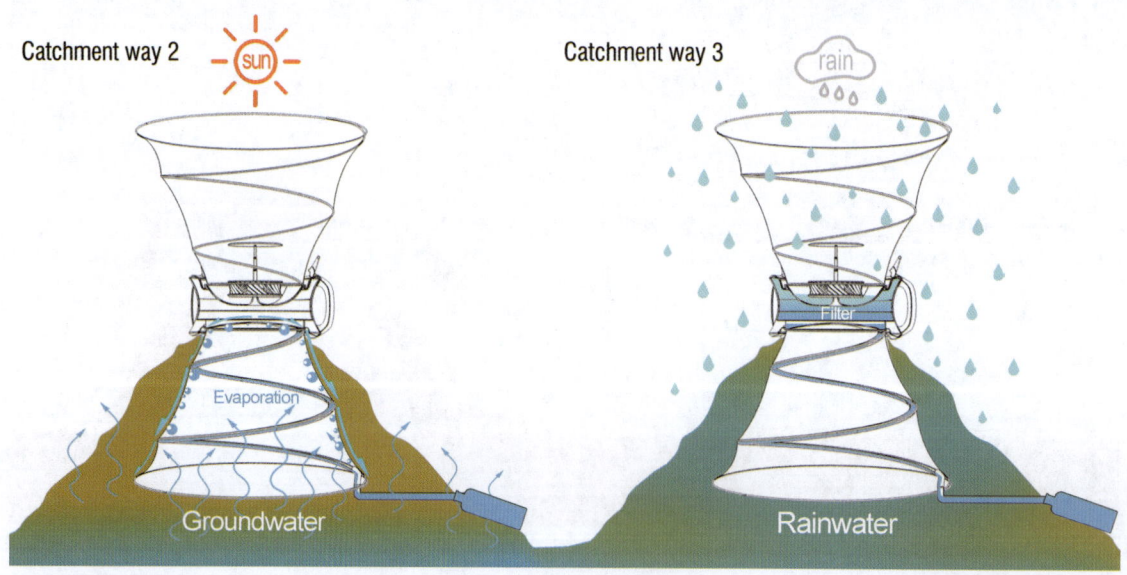

图 9-2-54

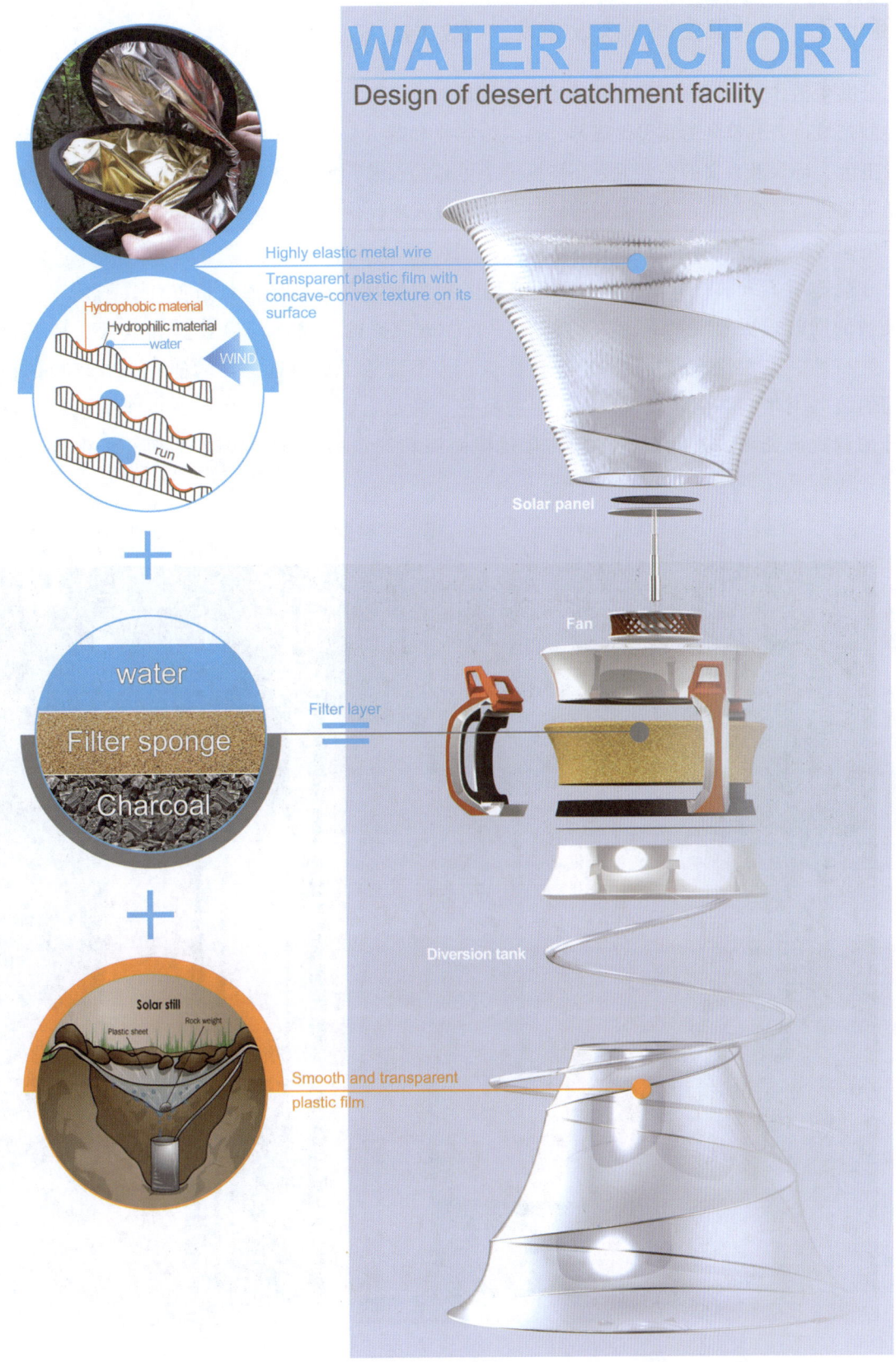

图 9-2-55

案例十五　公共卫生间系统设施设计（设计者：陈江波）

公共生活作为国家和市民之外的第三领域越来越受到重视。这是一个社会走向民主和文明的标志。卫生间是城市公共空间的重要组成部分，是为居民和行人提供服务的不可缺少的环境卫生设施，也为建设卫生、环保及人文的公共卫生环境提供了可靠的保障。城市公共卫生间无论在硬件还是软件上都迫切需要提高一个层次，真正做到布局合理化、设施现代化、内外美观化、管理秩序化、保洁标准化，使卫生间这个"城市的脸面"也能光彩照人。

方案选用了节水、节能技术，采用坚固、耐用的环保材料倾力打造方便人们使用。方案在注重美观的同时，更重要的是为人们创造一个舒适快捷的环境。同时兼具独立性、环保性、使用性、醒目性、方便性、公共性和地域性特点。方案注重了材质选择，功能组合，模块的衔接，让中国的公共卫生间真正体现出以人为本的特色，满足人们的需求，每一个微小的设计之都体现了充分的调查研究和服务意识，创造具有独特面貌和气氛的设施与环境空间。如图 9-2-56～图 9-2-59 所示。

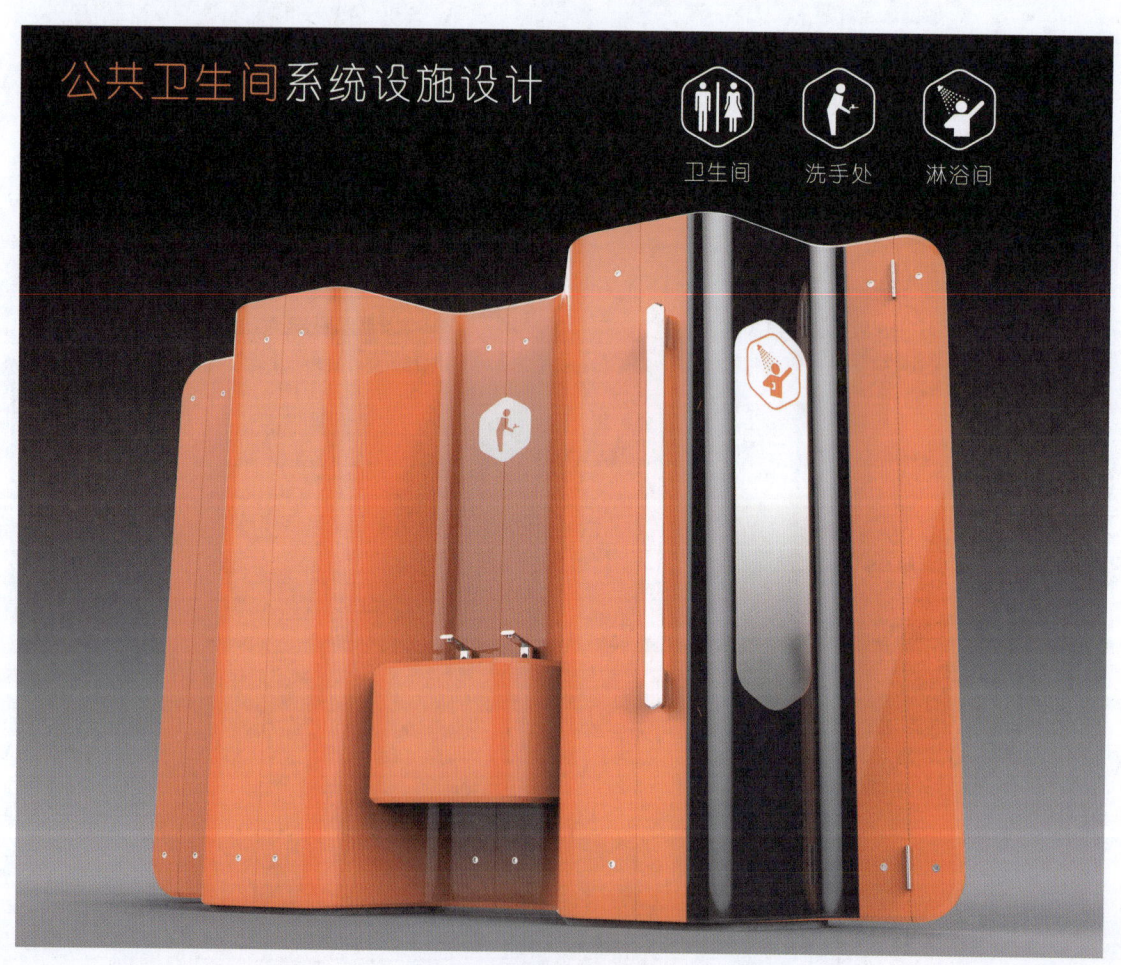

图 9-2-56

第 9 章 ◎ 课题训练与设计案例分析

图 9-2-57

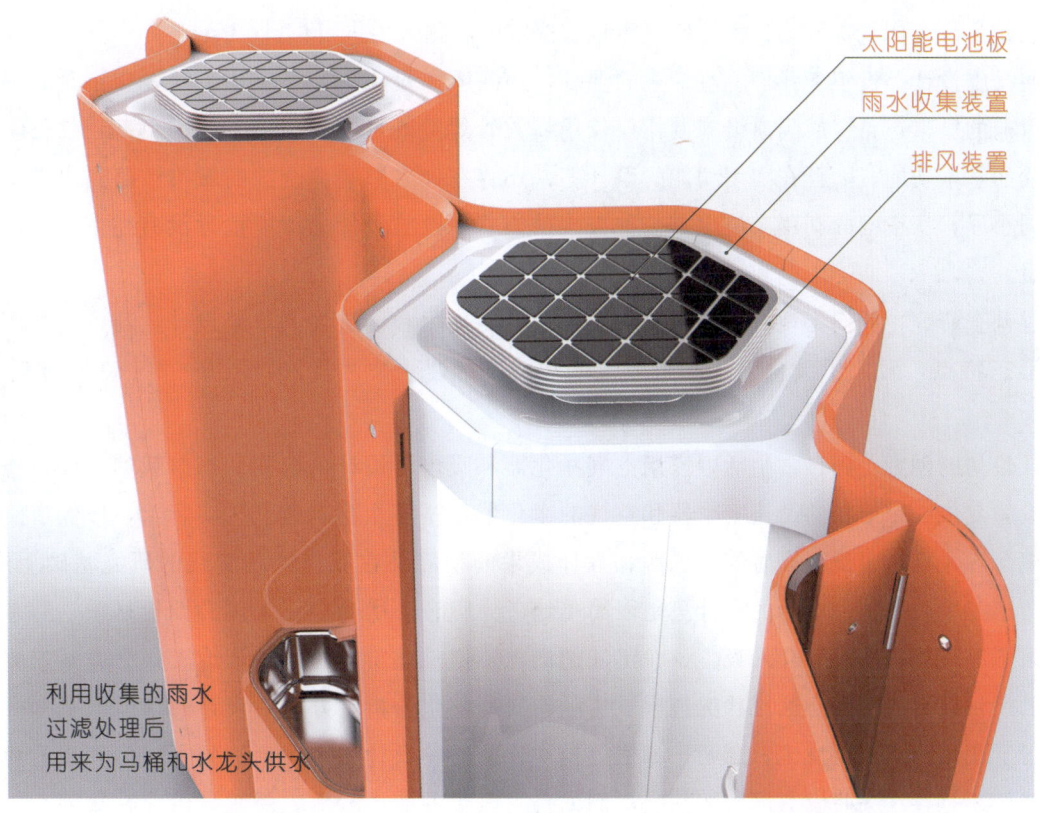

图 9-2-58

图 9-2-59

案例十六　滤径—环保道路隔离设施设计（设计者：薛文凯　李奉哲　孙健）

《滤径—环保道路隔离设施设计》关注到了当下我国汽车尾气排放形成的大气污染"元凶"的现实状况，从减少汽车尾气排放物，优化空气质量解决实际问题入手进行设计。

交通设施设计是近年来我们一直探索的课题，道路隔离设施属交通设施范畴，它是具有很强实用功能。目前的城市道路交通隔离设施制作仅仅用铁方管焊接既可完成，形态极为单薄，仅仅实现隔离道路车辆的基本功能，而且在实用功能的设计上，还存在许多弊端。全国的城市道路隔离设施设计基本上大同小异，从空间的利用来讲更是一种极大的浪费，设施设计的潜能远远没有挖掘出来，设计力严重不足。

通过调查研究，我们将现有道路防护栏进行了功能优化和创造性的革新设计，巧妙地利用现有防护栏的形态特点，融入了吸尘、滤汽车尾气的功能，可谓一举两得，如图 9-2-60～图 9-2-62 所示。

设计最初的创意受到日常生活中家用空气净化器和吸尘器设计的启发。当时我们大胆设想，如果将隔离设施变成一个带状的道路吸尘器和空气的净化器该是多么富有意义！实际上，环保道路隔离设施设计概念，是经过很长一段时间的思考和设计成果的积淀并在相应课题实践的研究基础上形成的。设计经历了三个阶段：最原始的设计只是很简单地考虑吸音降噪功能，采用凸凹板材质，形态也很简单，结果不够理想，还没有介入吸尘、净尾气的概念，但是此阶段的设计形成了最终方案的雏形；第二阶段的设计针对城市中心区域状况进行了实际调研和细化分析，方案对设计的整体形态和内部功能结构进行了调整，增加了滤尘、照明、绿植等模块。此时的设计在审美上达到了较为理想的境界，但是在功能上还是存在一些没有解决的问题，例如自主吸尘的能力较弱、能源自给存在缺陷、更换滤芯结构等复杂问题，功能和审美不能够达到协调统一，设计定位还是过于宽泛，设计陷入了瓶颈期。最终的方案对前期设计进行了进一步的优化改进，加强了设计的针对性，仔细分析研究了家用吸尘器和

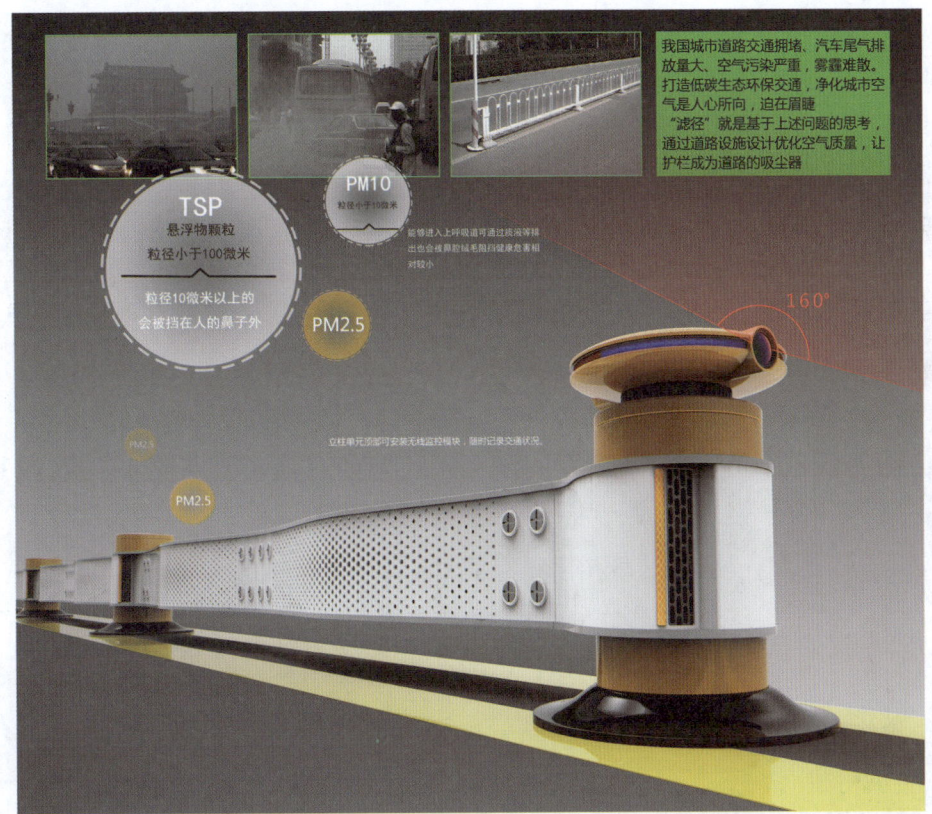

图 9-2-60

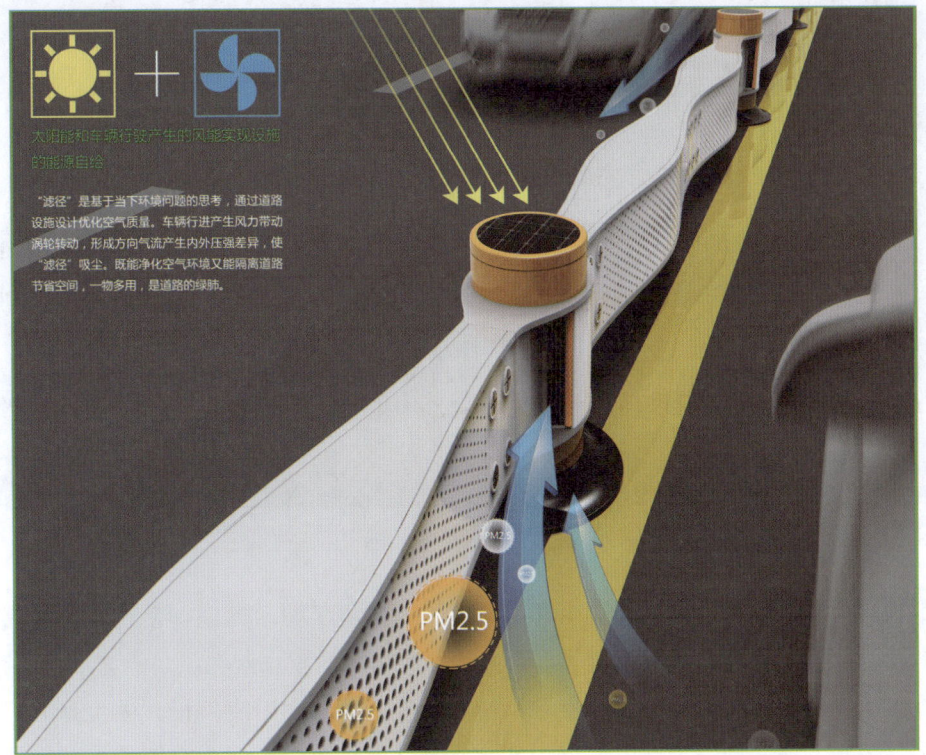

图 9-2-61

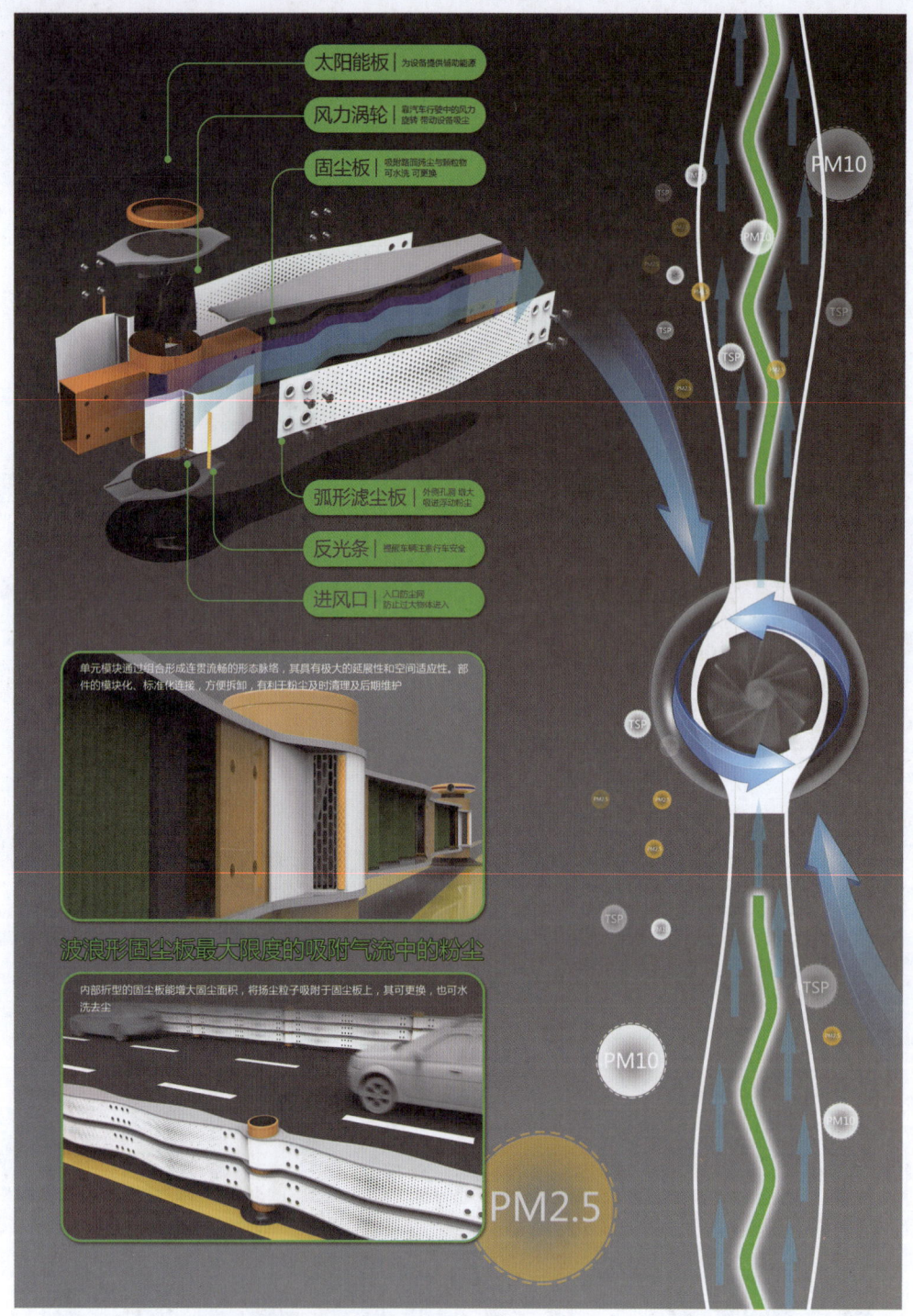

图9-2-62

空气净化器的原理，巧妙地将这些原理运用其中，很好地解决了技术问题。使设计既能满足基本的划分路面功能，又能一路吸收汽车排放的尾气，最终将解决问题的重点落在了功能与形式关系的探索上。

设施由支柱、全景云台探头、警示频闪灯、进风导流风嘴、太阳能顶板、进尘弹力护板、设施内设有叶片风机、风道、滤尘网、折型固尘板、蓄电池部件等组成，可实现全智能化的能源自给。形态的建立彰显产品语意的特征，导风口迎车辆而来，车风顺势带动风机叶片的运转，将汽车尾气及空气中的尘埃吸入设施内的固尘板之上，同时叶片的转动也会将风能转换成电能储存于蓄电池中，太阳能板吸收太阳的能量不断存于蓄电池中，全景云台全方位的监控记录来往车辆的信息，设施的所有部件都采取了标准化、模块化的设计形式，可以随时更换，内部的折形固尘板，加大了固尘面积，使固尘功能更强大。在制作上充分考虑了分解和组合的便捷方式，建立模块体系并运用模块组合构建设施的全过程，设施的每个部分均由不同的单体构成，通过不同的拼接组成适应不同道路的有序整体，最大限度提高隔离设施的使用效率。另外，设施中的每个模块之间都有自己的互换性和兼容性，在批量生产中可以大大降低产品设计的成本。道路隔离设施设计不是孤立的单一化的产品设计，其形式可以根据不同的城市、地区、道路、自然与人文环境调整变化。

方案更注意到了外在的形式美感设计，打破了以往设施设计样式单一的程式化模式，形成了自己独特的视觉特征，赋予设施所处景观与众不同的文化魅力。色彩运用体现了交通设施的视觉识别特征，既有警示作用又有现代工业产品的审美特质。设施机体表面通过材料、结构、形态、色彩、模块组合等创新手段的综合运用进行了艺术化处理，设计还关注了规划与组合后的效果和系列族群特征，比如同一造型的设施的色彩可提供多样的可能性，置于某一空间环境，不但起到了规范行车的作用，也可以起到划分空间、分隔车道、美化环境，增色景观的作用，使道路设施隔离设施设计成为城市中的一道亮丽的风景线，《滤径—环保道路隔离设施设计》方案是个积极有益的适应国情的能够解决实际问题的好设计，设计方案如果能付诸实施，将对优化道路的空气质量起到净化器的作用。

复习思考题

1. 选择一个课题，完成30张以上的概略草图，并整理完成5个彩色方案手绘图。从中选出1个较完整的方案图，进行优化完善，完成三维电脑模拟图及三视图。
2. 举出两个公共设施设计实例，并对作品进行分析与点评。

附　录

城市生活垃圾分类标志（GB/T 19095—2003）

1　范围

本标准规定了城市生活垃圾分类标志。

本标准适用于城市生活垃圾分类工作，也适用于有关产品的外包装。

2　一般规定

2.1　本标准有14个垃圾类别标志，可以根据实际情况选配使用。

2.2　标志应按规定的名称、图形符号和颜色使用，英文名称可根据需要取舍，但不应在标志内出现其他内容。

2.3　在使用时应根据识读距离和设施体积确定标志尺寸，但须保持其构成要素之间的比例。

2.4　使用过程中标志应保持清晰和完整。

3　标志颜色和字体

3.1　标志的奶黄色色标为Y10（PANTONG 607CVC），浅绿色色标为C40 Y27（PANDONG 557CVC），红色色标为M100 Y100（PANTONG RED 032CVC），黑色色标为K100（PANTONG BLACK 6CVC），白色色标为K0。

3.2　标志的中文字体为大黑简体，英文为Arial粗体。

3.3　垃圾容器、设施宜使用的颜色：可回收物类垃圾容器为蓝色，色标为PANTONG 647CVC，有害类垃圾容器为红色，色标为PANTONG 703CVC，其他类垃圾容器颜色为灰色，色标为PANTONG 5477CVC。

4　标志

具体标志附图1.1和附图1.2所示。

可回收物　其他垃圾　有害垃圾　大件垃圾　可燃垃圾　可堆肥垃圾　纸类
Recyclable　Other waste　Harmful waste　Bulky waste　Combustible　Compostable　Paper

塑料　金属　玻璃　织物　瓶罐　厨余垃圾　电池
Plastic　Metal　Glass　Textile　Bottle & Can　Kitchen waste　Battery

附图1.1

附图1.2

参 考 文 献

[1] [美] 约翰·O·西蒙兹. 景观设计学 [M]. 俞孔坚, 等译. 北京: 中国建筑工业出版社, 2000.

[2] 刘文军, 韩霞. 建筑小环境设计 [M]. 上海: 同济大学出版社, 1999.

[3] [美] 克莱尔·库珀·马库斯, 卡罗琳·弗朗西斯. 人性——城市开放空间设计导则 [M]. 俞孔坚, 孙鹏, 等译. 北京: 中国建筑工业出版社, 2001.

[4] [日] 川西利冒, 宇彬和夫. 建筑外环境设计 [M]. 刘永德, 淋翰弘, 译. 北京: 中国建筑工业出版社, 1996.

[5] [英] 詹姆斯西德尔, 塞尔温·戈德史密斯. 无障碍设计 [M]. 孙鹤, 等译. 大连: 大连理工大学出版社, 2002.

[6] [日] 荒木兵一郎, 藤木尚久, 因中直人. 国外建筑设计 [M]. 章俊华, 白林, 译. 北京: 中国建筑工业出版社, 2000.

[7] http://www.baidu.com.zl/dl/zzhj.html.

[8] http://www.baidu.com.

[9] http://www.DoLCN.com.

[10] 张昕, 徐华, 詹庆旋. 景观照明工程 [M]. 北京: 中国建筑工业出版社, 2005.

精品推荐 — "十二五"普通高等教育本科国家级规划教材

扫描书下二维码获得图书详情
批量购买请联系中国水利水电出版社营销中心 010-68367658
教材申报请发邮件至 liujiao@waterpub.com.cn 或致电 010-68545968

《办公空间设计》
978-7-5170-3635-7
作者：薛娟 等
定价：39.00
出版日期：2015 年 8 月

《交互设计》
978-7-5170-4229-7
作者：李世国 等
定价：52.00
出版日期：2017 年 1 月

《装饰造型基础》
978-7-5084-8291-0
作者：王莉 等
定价：48.00
出版日期：2014 年 1 月

新书推荐 — 普通高等教育艺术设计类"十三五"规划教材

 色彩风景表现 978-7-5170-5481-8
 设计素描 978-7-5170-5380-4
 中外装饰艺术史 978-7-5170-5247-0
 中外美术简史 978-7-5170-4581-6
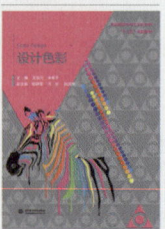 设计色彩 978-7-5170-0158-4
 设计素描教程 978-7-5170-3202-1
 中外美术史 978-7-5170-3066-9

 立体构成 978-7-5170-2999-1
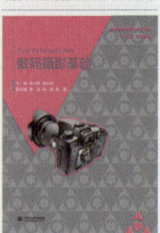 数码摄影基础 978-7-5170-3033-1
 造型基础 978-7-5170-4580-9
 形式与设计 978-7-5170-4534-2
 家具结构设计 978-7-5170-6201-1
 景观小品设计 978-7-5170-5519-8
 室内装饰工程预算与投标报价 978-7-5170-3143-7

 景观设计基础与原理 978-7-5170-4526-7
 环境艺术模型制作 978-7-5170-3683-8
 家具设计 978-7-5170-3385-1
 室内装饰材料与构造 978-7-5170-3788-0
 别墅设计 978-7-5170-3840-5
 景观快速设计与表现 978-7-5170-4496-3
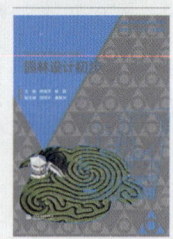 园林设计初步 978-7-5170-5620-1

 园林植物造景 978-7-5170-5239-5
 园林规划设计 978-7-5170-2871-0
 园林设计 CAD+SketchUp 教程 978-7-5170-3323-3
 企业形象设计 978-7-5170-3052-2
 产品包装设计 978-7-5170-3295-3
 视觉传达设计 978-7-5170-5157-2
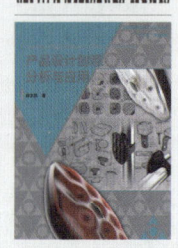 产品设计创意分析与应用 978-7-5170-6021-5

 计算机辅助工业设计—Rhino与T-Splines的应用 978-7-5170-5248-7
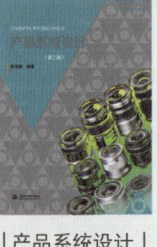 产品系统设计 978-7-5170-5188-6
 工业设计概论 978-7-5170-4598-4
 公共设施设计 978-7-5170-4588-5
 影视后期合成技法精粹—Nuke 978-7-5170-6064-2
 游戏美术设计 978-7-5170-6006-2
 Revit 基础教程 978-7-5170-5054-4